U0341147

编审委员会名单

主　任　张现林

副主任　赵士永　安占法　孟文清　王全杰　邵英秀

委　员（按姓名汉语拼音排序）

安占法　河北建工集团有限责任公司

陈东佐　山东华宇工学院

丁志宇　河北劳动关系职业学院

谷洪雁　河北工业职业技术学院

郭　增　张家口职业技术学院

李　杰　新疆交通职业技术学院

刘国华　无锡城市职业技术学院

刘良军　石家庄铁路职业技术学院

刘玉清　信阳职业技术学院

孟文清　河北工程大学

邵英秀　石家庄职业技术学院

王俊昆　河北工程技术学院

王全杰　广联达科技股份有限公司

吴学清　邯郸职业技术学院

徐秀香　辽宁城市建设职业技术学院

张现林　河北工业职业技术学院

赵士永　河北省建筑科学研究院

赵亚辉　河北政法职业学院

"十三五"职业教育国家规划教材

"十三五"应用型人才培养O2O创新规划教材

绿色建筑

Lüse Jianzhu

郝永池 袁利国 主编

化学工业出版社

·北京·

本书共分为8个教学单元,单元1主要介绍绿色建筑的基本知识和认知绿色建筑;单元2主要学习节能与能源利用;单元3主要学习节地与室外环境;单元4主要学习节水与水资源利用;单元5主要学习节材与材料资源利用;单元6主要学习室内环境质量;单元7主要学习绿色建筑施工管理;单元8主要学习绿色建筑运营管理。每一项目教学单元进行相应的实训锻炼。

本书为应用型本科和高等职业教育建筑工程类专业规划教材,可作为土木工程、工程管理、建筑设计等相关专业的教材,也可供有关工程技术人员参考。

图书在版编目(CIP)数据

绿色建筑/郝永池,袁利国主编. —北京:化学工业
出版社,2018.2(2022.9重印)
ISBN 978-7-122-31230-3

Ⅰ.①绿… Ⅱ.①郝…②袁… Ⅲ.①生态建筑-教
材 Ⅳ.①TU18

中国版本图书馆 CIP 数据核字(2017)第 315685 号

责任编辑:张双进 李仙华 提 岩   文字编辑:吴开亮
责任校对:王 静   装帧设计:王晓宇

出版发行:化学工业出版社(北京市东城区青年湖南街 13 号 邮政编码 100011)
印   刷:北京云浩印刷有限责任公司
装   订:三河市振勇印装有限公司
787mm×1092mm 1/16 印张 11¾ 字数 295 千字 2022 年 9 月北京第 1 版第 7 次印刷

购书咨询:010-64518888   售后服务:010-64518899
网   址:http://www.cip.com.cn
凡购买本书,如有缺损质量问题,本社销售中心负责调换。

定   价:35.00 元

《绿色建筑》编写人员

主　　编　郝永池　袁利国

副 主 编　郭东海　薛　勇　张玉洁　李雪军

参编人员　郝嫣然　孙晓波　郝松浩

　　教育部在高等职业教育创新发展行动计划（2015—2018 年）中指出"要顺应'互联网+'的发展趋势，应用信息技术改造传统教学，促进泛在、移动、个性化学习方式的形成。 针对教学中难以理解的复杂结构、复杂运动等，开发仿真教学软件"。 党的十九大报告中指出，要深化教育改革，加快教育现代化。 为落实十九大报告精神，推动创新发展行动计划——工程造价骨干专业建设，河北工业职业技术学院联合河北工程技术学院、河北劳动关系职业学院、张家口职业技术学院、新疆交通职业技术学院等院校与化学工业出版社，利用云平台、二维码及BIM 技术，开发了本系列 O2O 创新教材。

　　该系列丛书的编者多年从事工程管理类专业的教学研究和实践工作，重视培养学生的实际技能。 他们在总结现有文献的基础上，坚持"理论够用，应用为主"的原则，为工程管理类专业人员提供了清晰的思路和方法，书中二维码嵌入了大量的学习资源，融入了教育信息化和建筑信息化技术，包含了最新的建筑业规范、规程、图集、标准等参考文件，丰富的施工现场图片，虚拟三维建筑模型，知识讲解、软件操作、施工现场施工工艺操作等视频音频文件，以大量的实际案例举一反三、触类旁通，并且数字资源会随着国家政策调整和新规范的出台实时进行调整与更新。 这些学习资源不仅为初学人员的业务实践提供了参考依据，也为工程管理人员学习建筑业新技术提供了良好的平台，因此，本系列丛书可作为应用技术型院校工程管理类及相关专业的教材和指导用书，也可作为工程技术人员的参考资料。

　　"十三五" 时期，我国经济发展进入新常态，增速放缓，结构优化升级，驱动力由投资驱动转向创新驱动。 我国建筑业大范围运用新技术、新工艺、新方法、新模式，建设工程管理也逐步从粗犷型管理转变为精细化管理，进一步推动了我国工程管理理论研究和实践应用的创新与跨越式发展。 这一切都向建筑工程管理人员提出了更为艰巨的挑战，从而使得工程管理模式"百花齐放、百家争鸣"，这就需要我们工程管理专业人员更好地去探索和研究。 衷心希望各位专家和同行在阅读此系列丛书时提出宝贵的意见和建议，共同把建筑行业的工作推向新的高度，为实现建筑业产业转型升级做出更大的贡献。

河北省建设人才与教育协会副会长

2017 年 10 月

前言
Foreword

　　随着经济的发展、科技的进步以及人们生活水平的不断提高，人类的生存环境越来越受到广泛的关注，绿色建筑已成为建筑业发展的主方向。因此，绿色建筑对提高建筑业的整体技术水平、规范建筑设计与施工、保证建筑工程的节能环保，具有十分重要的意义。绿色建筑是建筑行业中重要的环节，在建筑工程中发挥着重要的作用。

　　为满足建筑行业高职高专教育的需要，培养适应新型工业化生产、建设、服务和管理第一线需要的高素质技术技能人才，我们组织编写了《绿色建筑》这本教材。本教材正是结合高职高专教育的特点，突出了教材的实践性和新颖性。教材编写在力求做到保证知识的系统性和完整性的前提下，以项目教学划分教学单元，共分为概述、节能与能源利用、节地与室外环境、节水与水资源利用、节材与材料资源利用、室内环境质量、绿色建筑施工管理、绿色建筑运营管理等8个教学单元，每个教学单元在介绍基本知识的同时，增加了项目实训，让学生通过在真实环境下的实训练习，强化学生的专业技能。在绿色建筑与绿色施工教材编写过程中，吸取了当前绿色建筑中应用的施工新技术、新方法，并认真贯彻我国现行规范及有关文件，从而增强了应用性、综合性，具有了时代性的特征。教材以O2O（线上到线下）的形式，建设了立体化的课程资源，扫描书中的二维码，可读到大量的学习资源，其中：《建筑节能工程施工质量验收规范》（GB 50411—2007）、《高性能混凝土应用技术规程》（CECS207：2006）、《民用建筑工程室内环境污染控制规范》（GB 50325—2010）、《建筑工程绿色施工规范》（GB/T 50905—2014）以及配套的电子课件，读者可登录网址 www.cipedu.com.cn，输入本书名，选择电子资源包，自行下载。在每教学项目单元除有一定量的习题外，还增加了具有行业特点且较全面的工程案例，以求通过实例来培养学生的综合应用能力。

　　本书由河北工业职业技术学院郝永池、袁利国任主编；河北农林科学院郭东海高级工程师，河北工业职业技术学院薛勇、北方设计研究院张玉洁、河北工业职业技术学院李雪军任副主编；河北工业职业技术学院郝嫣然、孙晓波，河北建工集团有限公司郝松浩参加了教材的编写。全书由郝永池教授统稿、修改并定稿。河北工业职业技术学院杨晓光教授审阅了此书，并提出宝贵意见。在本书编写过程中，得到了有关单位和个人的大力支持。另外，在编写过程中还参考了相关教材、专著等，在此一并表示感谢。

　　限于编者水平，加上时间仓促，本书肯定存在不少缺陷和不足之处，敬请读者提出宝贵意见，以便我们改正。

编者
2017. 11

目录
CONTENTS

3　节地与室外环境　/ 043

4　节水与水资源利用　/ 063

5　节材与材料资源利用　/ 078

6　室内环境质量　/ 098

7　绿色建筑施工管理　／122

8　绿色建筑运营管理　/ 155

资源目录

1

概　述

内容提要

本单元以绿色建筑为对象，主要讲述绿色建筑的基本概念、分类和特点，绿色建筑的产生与发展、中国绿色建筑评价标准和绿色建筑评级实施细则、绿色建筑的特点和评价指标等内容，并以绿色建筑调研报告作为本教学单元的实践训练项目，使学生初步认知绿色建筑。

技能目标

•通过对绿色建筑基本知识的识读，巩固已学的相关绿色建筑的基础知识以及了解绿色建筑的概念、特点及发展历程。

•通过对绿色建筑评价标准的识读，掌握绿色建筑的规范、标准、法律法规及相关基本要求。

本单元是为了全面训练学生对绿色建筑的基本知识、绿色建筑基本规定等的认知能力，要求学生对绿色建筑基础知识进行认知和理解而设置的。

项目导入

1992 年巴西的里约热内卢"联合国环境与发展大会"，与会者第一次明确提出了"绿色建筑"的概念。绿色建筑由此逐渐成为一个兼顾环境关注与舒适健康的研究体系，并在越来越多的国家实践推广，成为当今世界建筑发展的重要方向。

1.1 绿色建筑基本知识

学习目标

了解绿色建筑的基本概念、特点和发展历程，掌握绿色建筑的全寿命周期理念。

1.1.1 绿色建筑的基本概念

绿色建筑是遵循了保护环境、节约资源、确保人居环境质量这样一些可持续发展的基本原则，由西方发达国家于 20 世纪 70 年代率先提出的一种建筑理念。

英国人 A. Gordon 在 1964 年提出了"全寿命周期成本管理"理论。对建筑物而言，建筑物的前期决策、勘察设计、施工、使用维修乃至拆除各个阶段的管理相互关联而又相互制约，构成一个全寿命管理系统，为保证和延长建筑物的实际使用年限，必须根据其全寿命周期来制定质量安全管理制度。

美国加利福尼亚环境保护协会对绿色建筑的定义：绿色建筑也叫可持续建筑，是一种在设计、修建、装修方面或在生态和资源方面有回收利用价值的建筑形式。

我国国家标准《绿色建筑评价标准》（GB/T 50378—2014）中给出了明确的定义：它是指在建筑的全寿命周期内，最大限度地节约资源（节能、节地、节水、节材）、保护环境和减少污染，为人们提供健康、适用和高效的使用空间，与自然和谐共生的建筑。

从概念上来讲，绿色建筑主要包含了三点：一是节能，这个节能是广义上的，包含了上面所提到的"四节"，主要是强调减少各种资源的浪费；二是保护环境，强调的是减少环境污染，减少二氧化碳排放；三是满足人们使用上的要求，为人们提供"健康""适用"和"高效"的使用空间。只有做到了以上三点，才可称之为绿色建筑。

"健康""适用"和"高效"这三个词就是绿色建筑概念的缩影，"健康"代表以人为本，满足人们使用需求；"适用"则代表节约资源，不奢侈浪费，不做豪华型建筑；"高效"则代表着资源能源的合理利用，同时减少二氧化碳排放和环境污染。绿色建筑代表了现代建筑的发展方向。与自然和谐共生的建筑：与自然相依相存，注重人的恬静以及人与天然环境的和谐。

1.1.2　绿色建筑的特点

绿色建筑安全、健康、舒适，高效卫生，与自然和谐共处，可持续发展。其主要特点如下。

（1）绿色建筑的全寿命周期性

绿色建筑的实现要求我们建造最低限度地影响环境的建筑物、最大限度地节约资源。这些要求必须从规划、设计、施工、使用等方面综合考虑，在建筑规划、选址时就要考虑减少资源的消耗、与周围环境的和谐相处和对周围环境的保护；在施工过程中通过科学有效的管理和技术革新，最大限度地节约资源并减少对环境的负面影响；在规划、设计和施工中要考虑建筑物的使用，将建造成本与使用成本和维修成本综合考虑，体现出绿色建筑的全寿命周期性。

（2）绿色建筑的环保性

绿色建筑要求尽可能节约资源、保护环境、循环利用、降低污染。在设计和建造绿色建筑时，使用清洁的可再生能源（太阳能、风能、水能、地热等）和应用高科技无污染的施工技术，避免对自然环境的干扰。

（3）绿色建筑的综合性

在绿色建筑的设计和施工中应从场地质量、环境影响、能源消耗、水资源消耗、材料与资源、室内环境质量等多方面着手，力求与周围环境的和谐、尽量少的破坏和恢复原有自然状态，充分利用可再生能源、节约材料消耗。这就需要新材料的研发、新技术的应用、绿色施工方案的评估、高效的施工管理等综合能力的提高。

（4）绿色建筑的经济性

通过合理的设计和施工组织可以减少能源消耗、降低重复劳动、充分利用自然资源、降低全寿命周期成本，体现出绿色建筑的经济性。

1.1.3 国外绿色建筑发展

20 世纪 60 年代，美国建筑师保罗·索勒瑞提出了生态建筑的新理念。

1969 年，美国建筑师麦克哈格著《设计结合自然》一书，标志着生态建筑学的正式诞生。

20 世纪 70 年代，石油危机使得太阳能、地热、风能等各种建筑节能技术应运而生，节能建筑成为建筑发展的先导。

1980 年，世界自然保护组织首次提出"可持续发展"的口号，同时节能建筑体系逐渐完善，并在德、英、法、加拿大等发达国家广泛应用。

1987 年，联合国环境署发表《我们共同的未来》报告，确立了可持续发展的思想。

1992 年，"联合国环境与发展大会"使可持续发展思想得到推广，绿色建筑逐渐成为发展方向。

1.1.4 我国绿色建筑评价体系发展历程

2004 年 9 月建设部"全国绿色建筑创新奖"的启动标志着我国的绿色建筑发展进入了全面发展阶段。

2005 年 3 月召开的首届"国际智能与绿色建筑技术研讨会暨技术与产品展览会"（每年一次），公布"全国绿色建筑创新奖"获奖项目及单位，同年发布了《建设部关于推进节能省地型建筑发展的指导意见》。

2006 年 6 月，国家标准《绿色建筑评价标准》（GB/T 50378—2006）发布实施。

2007 年 8 月，出台《绿色建筑评价标识管理办法（试行）》和《绿色建筑评价技术细则（试行）》。

2008 年，成立城市科学研究会节能与绿色建筑专业委员会。

2008 年 4～8 月，组织开展第一批绿色建筑设计评价标识项目申报、评审、公示，对 15 个项目授予标识（截至 2012 年 3 月，全国共评出 371 个绿色建筑标识项目）。

2008 年，清华大学为了示范推广系列的节能、生态、智能技术在公共建筑和住宅上的应用，完成超低能耗示范楼工程。

2009 年 6 月，印发《关于推进一二星级绿色建筑评价标识工作的通知》（建科【2009】109 号）、《一二星级绿色建筑评价标识管理办法（试行）》。

2009 年 11 月底，在积极迎接哥本哈根气候变化会议召开之前，我国政府做出决定，到 2020 年单位国内生产总值二氧化碳排放将比 2005 年下降 40％～45％，作为约束性指标纳入国民经济和社会发展中长期规划，并制定相应的国内统计、监测、考核。

2010 年，各省市已制定地方标准并开展绿色建筑一二星级评价标识工作。

2009 年、2010 年分别启动了《绿色工业建筑评价标准》《绿色办公建筑评价标准》《绿色医院建筑评价标准》编制工作。出版《民用建筑绿色设计规范》（JGJ/T 229—2010）、《建筑工程绿色施工评价标准》（GB/T 50640—2010）。

2014 年，国家标准《绿色建筑评价标准》（GB/T 50378—2014）发布实施，替代《绿色建筑评价标准》（GB/T 50378—2006）。

2015 年 7 月，出台新版《绿色建筑评价技术细则》。

1.2 绿色建筑评价标准

了解《绿色建筑评价标准》(GB/T 50378—2014)的基本内容和绿色建筑评价技术细则，掌握绿色建筑的等级划分。

住房和城乡建设部于2014年4月15日发布公告，批准新版国家标准《绿色建筑评价标准》（GB/T 50378—2014）自2015年1月1日起实施。原《绿色建筑评价标准》（GB/T 50378—2006）同时废止。

1.2.1 《绿色建筑评价标准》(GB/T 50378—2014)

《绿色建筑评价标准》是我国发布的有关绿色建筑的综合性国家标准，从住宅和公共建筑全寿命周期出发，多目标、多层次，对绿色建筑进行综合性评价的推荐性国家标准。

二维码1　《绿色建筑评价标准》

《绿色建筑评价标准》（GB/T 50378—2014）共分11章，主要技术内容是：总则、术语、基本规定、节地与室外环境、节能与能源利用、节水与水资源利用、节材与材料资源利用、室内环境质量、施工管理、运营管理、提高与创新。

《绿色建筑评价标准》用于评价住宅建筑和公共建筑。按《绿色建筑评价标准》规定，绿色建筑评价指标体系由节地与室外环境、节能与能源利用、节水与水资源利用、节材与材料资源利用、室内环境质量、施工管理、运营管理7类指标组成。

《绿色建筑评价标准》的出台使绿色建筑有了量化考评体系。绿色建筑是指在建筑的全寿命周期内，最大限度地节约资源（节能、节地、节水、节材）、保护环境和减少污染，为人们提供健康、适用和高效的使用空间，与自然和谐共生的建筑。

1.2.2 《绿色建筑评价标准》编制原则

① 借鉴国际先进经验，结合我国国情。
② 重点突出"四节"与环保要求。
③ 体现过程控制。
④ 定量和定性相结合。
⑤ 系统性与灵活性相结合。

1.2.3 绿色建筑评价技术细则

为了更好地实行《绿色建筑评价标准》，引导绿色建筑健康发展，建设部对《绿色建筑评价技术细则》也进行了相应修订。《绿色建筑评价技术细则》为绿色建筑的规划、设计、建设和管理提供更加规范的具体指导，为绿色建筑评价标识提供更加明确的技术原则，为绿色建筑创新奖的评审提供更加详细的评判依据，从三个层面推进绿色建筑理论和实践的探索与创新。

《绿色建筑评价技术细则》比较系统地总结了国内绿色建筑的实践，还借鉴了美国、日本、英国、德国等国家发展绿色建筑的成功经验。其内容既有符合中国国情的一面，也有与国际绿色建筑发展趋势相适应的一面，具有比较强的适应性的同时又有比较好的先进性。

1.2.4 绿色建筑评价标准基本规定

（1）基本规定

建筑活动是人类对自然资源、环境影响最大的活动之一。我国正处于经济快速发展阶段，年建筑量世界排名第一，资源消耗总量逐年迅速增长。因此，必须牢固树立和认真落实科学发展观，坚持可持续发展理念，大力发展绿色建筑。发展绿色建筑应贯彻执行节约资源和保护环境的国家技术经济政策。

绿色建筑是在全寿命周期内兼顾资源节约与环境保护的建筑。绿色建筑的评价分为设计评价和运行评价。设计评价应在建筑工程施工图设计文件审查通过后进行，运行评价应在建筑通过竣工验收并投入使用一年后进行。

《绿色建筑评价技术细则》依照《绿色建筑评价标准》的内容和要求编制，适用于指导绿色建筑的评价标识，全国绿色建筑创新奖的评审和指导绿色建筑的规划设计、建造及运行管理。

建筑从最初的规划设计到随后的施工、运营及最终的拆除，形成一个全寿命周期。关注建筑的全寿命周期，意味着不仅在规划设计阶段充分考虑并利用环境因素，而且确保施工过程中对环境的影响最低，运营阶段能为人们提供健康、舒适、低耗、无害的活动空间，拆除后又使对环境的危害降到最低。绿色建筑要求在建筑全寿命周期内，最大限度地节能、节地、节水、节材与保护环境，同时满足建筑功能。这几者有时是彼此矛盾的，如为片面追求小区景观而过多地用水，为达到节能单项指标而过多地消耗材料，这些都是不符合绿色建筑要求的；而降低建筑的功能要求、降低适用性，虽然消耗资源少，但也不是绿色建筑所提倡的。节能、节地、节水、节材、保护环境五者之间的矛盾必须放在建筑全寿命周期内统筹考虑与正确处理，同时还应重视信息技术、智能技术和绿色建筑的新技术、新产品、新材料与新工艺的应用。

我国不同地区的气候、地理环境、自然资源、经济发展与社会习俗等都有着很大的差异，评价绿色建筑时，应注重地域性，因地制宜、实事求是，充分考虑建筑所在地域的气候、资源、自然环境、经济、文化等特点。

（2）绿色建筑相关术语

① 热岛强度（heat island intensity） 热岛效应是指一个地区（主要指城市内）的气温高于周边郊区的现象，可以用两个代表性测点的气温差值（城市中某地温度与郊区气象测点温度的差值）即热岛强度表示。本标准采用夏季典型日的室外热岛强度 ΔT_{hi}（居住区室外气温与郊区气温的差值，即 8：00～18：00 之间的气温差别平均值）作为评价指标。

② 年径流总量控制率（volume capture ratio of annual rainfall） 通过自然和人工强化的入渗、滞蓄、调蓄和收集回用，场地内累计一年得到控制的雨水量占全年总降雨量的比例。

③ 可再生能源（renewable energy） 指从自然界获取的、可以再生的非化石能源，包括风能、太阳能、水能、生物质能、地热能和海洋能等。

④ 再生水（reclaimed water） 污水经处理后，达到规定水质标准、满足一定使用要求的非饮用水。

⑤ 非传统水源（nontraditional watersource） 指不同于传统市政供水的水源，包括再生水、雨水和海水。

⑥ 可再利用材料（reusable material） 指在不改变所回收物质形态的前提下进行材料

的直接再利用，或经过再组合、再修复后再利用的材料。

⑦ 可再循环材料（recyclable material） 指已经无法进行再利用的产品通过改变其物质形态，生产成为另一种材料，使其加入物质的多次循环利用过程中的材料。

（3）绿色建筑评价指标

绿色建筑评价标识是指对申请进行绿色建筑等级评定的建筑物，依据《绿色建筑评价标准》和《绿色建筑评价技术细则》，按照要求确定的程序和要求，确认其等级并进行信息性标识的一种评价活动。标识包括证书和标志。

绿色建筑评价指标体系由节地与室外环境、节能与能源利用、节水与水资源利用、节材与材料资源利用、室内环境质量、施工管理、运营管理 7 类指标组成。每类指标包括控制项与评分项。控制项的评定结果为满足或不满足，评分项和加分项的评定结果为分值。评价指标体系还统一设置加分项。绿色建筑评价具体评价指标体系见表 1.1。

表 1.1 《绿色建筑评价标准》（GB/T 50378—2014）评价指标体系（不含加分项）

	节地与室外环境	节能与能源利用	节水与水资源利用	节材与材料资源利用	室内环境质量	施工管理	运营管理
控制项	选址合规 场地安全 污染源 日照标准	节能设计标准 电热设备 用能分项计量 照明功率密度	水资源利用方案 给排水系统 节水器具	禁限材料 400MPa钢筋 建筑造型要素	室内噪声级 构件隔声性能 照明数量与质量 空调设计参数 内表面结露 内表面温度 室内空气污染物	施工管理体系 施工环保计划 职业健康安全 绿色专项会审	运行管理制度 垃圾管理制度 污染物排放 绿色设施工况 自控系统工况
评分项	节约集约用地 绿化用地 地下空间 光污染 环境噪声 风环境 降低热岛强度 公交设施 人行道无障碍 停车场所 公共服务设施 生态保护补偿 绿色雨水设施 场地径流总量 绿化方式与植物	建筑设计优化 外窗幕墙可开启 热工性能 冷热源机组 输配系统 系统选择优化 过渡季节能 部分负荷节能 照明功率密度 照明控制 电梯扶梯 其他电气设备 排风热回收 蓄冷蓄热 余热废热利用 可再生能源	节水用水定额 管网漏损 超压出流 用水计量 公用浴室 卫生器具 绿化灌溉 空调冷却技术 其他技术措施 非传统水源 冷却水补水 景观水体	建筑形体规则 结构优化 土建装修一体化 灵活隔断 预制构件 整体化厨卫 本地材料 预拌混凝土 预拌砂浆 高强结构材料 高耐久结构材料 可循环利用材料 利废材料 装饰装修材料	室内噪声级 构件隔声性能 噪声干扰 专项声学设计 户外视野 采光系数 天然采光优化 可调节遮阳 空调末端调节 自然通风优化 室内气流组织 IAQ监控 CO监测	施工降尘 施工降噪 施工废弃物 施工用水 混凝土损耗 钢筋损耗 定型模板 绿色专项实施 设计变更 耐久性检测 土建装修一体化 竣工调试	管理体系认证 操作规程 管理激励机制 教育宣传机制 设施检查调试 空调系统清洗 非传统水源记录 智能化系统 物业管理信息化 病虫害防治 植物生长状态 垃圾站（间） 垃圾分类

（4）绿色建筑评价与等级划分

绿色建筑评价指标体系由节地与室外环境、节能与能源利用、节水与水资源利用、节材与材料资源利用、室内环境质量、施工管理、运营管理 7 类指标组成。每类指标均包括控制项和评分项。评价指标体系还统一设置加分项。

设计评价时，不对施工管理和运营管理 2 类指标进行评价，但可预评相关条文。运行评价应包括 7 类指标。

控制项的评定结果为满足或不满足；评分项和加分项的评定结果为分值。

绿色建筑评价应按总得分确定等级。

评价指标体系 7 类指标的总分均为 100 分。7 类指标各自的评分项得分 Q_1、Q_2、Q_3、Q_4、Q_5、Q_6、Q_7 按参评建筑该类指标的评分项实际得分值除以适用于该建筑的评分项总分值再乘以 100 分计算。

加分项的附加得分 Q_8 按标准的有关规定确定。

绿色建筑评价的总得分按下式进行计算，其中评价指标体系 7 类指标评分项的权重 $w_1 \sim w_7$ 按表 1.2 取值。

$$\sum Q = w_1 Q_1 + w_2 Q_2 + w_3 Q_3 + w_4 Q_4 + w_5 Q_5 + w_6 Q_6 + w_7 Q_7 + Q_8 \qquad (1.1)$$

表 1.2　绿色建筑各类评价指标的权重

项目		节地与室外环境 w_1	节能与能源利用 w_2	节水与水资源利用 w_3	节材与材料资源利用 w_4	室内环境质量 w_5	施工管理 w_6	运营管理 w_7
设计评价	居住建筑	0.21	0.24	0.20	0.17	0.18	—	—
	公共建筑	0.16	0.28	0.18	0.19	0.19	—	—
运营评价	居住建筑	0.17	0.19	0.16	0.14	0.14	0.10	0.10
	公共建筑	0.13	0.23	0.14	0.15	0.15	0.10	0.10

注：1. 表中"—"表示施工管理和运营管理两类指标不参与设计评价。

2. 对于同时具有居住和公共功能的单体建筑，各类评价指标权重取为居住建筑和公共建筑所对应权重的平均值。

绿色建筑分为一星级、二星级、三星级 3 个等级。3 个等级的绿色建筑均应满足本标准所有控制项的要求，且每类指标的评分项得分不应小于 40 分。当绿色建筑总得分分别达到 50 分、60 分、80 分时，绿色建筑等级分别为一星级、二星级、三星级。

对多功能的综合性单体建筑，应按本标准全部评价条文逐条对适用的区域进行评价，确定各评价条文的得分。

目前我国绿色建筑评价所需基础数据较为缺乏，例如，我国各种建筑材料生产过程中的能源消耗数据、CO_2 排放量，各种不同植被和树种的 CO_2 固定量等缺少相应的数据库，这就使得定量评价的标准难以科学地确定。因此目前尚不成熟或无条件定量化的条款暂不纳入，随着有关的基础性研究工作的深入，再逐渐改进评价的内容。

项目实训

（1）实训内容

学生到绿色建筑现场初步调研，完成调研报告。

（2）实训目的

为了让学生了解绿色建筑现场的基本状况，确立绿色建筑的基本理念，通过现场调研综合实践，全面增强理论知识和实践能力，尽快了解企业、接受企业文化熏陶，提升整体素质，为今后的专业学习有个感性认识，确定学习目标、打下思想理论基础。

（3）实训要点

① 学生必须高度重视，服从领导安排，听从教师指导，严格遵守实习单位的各项规章制度和学校提出的纪律要求。

② 学生在实习期间应认真、勤勉、好学、上进，积极主动完成调研报告。

③ 学生在实习中应做到：

a. 将所学的专业理论知识同实习单位实际和企业实践相结合。

b. 将思想品德的培养同良好职业道德的培养相结合。

c. 将个人刻苦钻研同虚心向他人求教相结合。

（4）实训过程

① 实训准备

a. 做好实训前对相关资料的查阅，熟悉绿色建筑现场的基本要求及注意事项。

b. 联系参观企业现场，提前沟通好各个环节。

② 调研内容　调研内容主要包括绿色建筑项目概括、绿色建筑措施和方法、绿色建筑文化等。

③ 调研步骤

a. 领取调研任务。

b. 分组并分别确定实训企业和现场地点。

c. 亲临现场参观调研并记录。

d. 整理调研资料，完成调研报告。

④ 教师指导点评和疑难解答。

⑤ 部分带队讲解。

⑥ 进行总结。

（5）实训项目基本步骤表

步骤	教师行为	学生行为
1	交代实训工作任务背景,引出实训项目	①分好小组 ②准备调研工具,在施工现场戴好安全帽
2	布置现场调研应做的准备工作	
3	使学生明确调研步骤和内容,帮助学生落实调研企业	
4	学生分组调研,教师巡回指导	完成调研报告
5	点评调研成果	自我评价或小组评价
6	布置下节课的实训作业	明确下一步的实训内容

（6）实训小结

项目：　　　　　　　　　　　　　　　　　指导老师：

项目技能	技能达标分项	备注
调研报告	①内容完整　　　得2分 ②符合施工现场情况　得2分 ③佐证资料齐全　得1分	根据职业岗位所需、技能需求,学生可以补充完善达标项
自我评价	对照达标分项　得3分为达标 对照达标分项　得4分为良好 对照达标分项　得5分为优秀	客观评价
评议	各小组间互相评价 取长补短,共同进步	提供优秀作品观摩学习

自我评价 _____　　　　　　　　个人签名 _____

小组评价　达标率 _____　　　　组长签名 _____

　　　　　良好率 _____

　　　　　优秀率 _____

年　　月　　日

小 结

绿色建筑是指在建筑的全寿命周期内，最大限度地节约资源（节能、节地、节水、节材）、保护环境和减少污染，为人们提供健康、适用和高效的使用空间，与自然和谐共生的建筑。

绿色建筑主要包含了三点：一是节能；二是保护环境；三是满足人们使用上的要求。

绿色建筑评价指标体系由节地与室外环境、节能与能源利用、节水与水资源利用、节材与材料资源利用、室内环境质量、施工管理、运营管理7类指标组成。每类指标包括控制项与评分项。控制项的评定结果为满足或不满足，评分项和加分项的评定结果为分值。评价指标体系还统一设置加分项。

绿色建筑分为一星级、二星级、三星级3个等级。3个等级的绿色建筑均应满足本标准所有控制项的要求。

习 题

1. 什么是绿色建筑？绿色建筑包含哪些内容？
2. 绿色建筑具有哪些特点？
3. 我国绿色评价体系有哪些阶段性成果？
4. 《绿色建筑评价标准》有哪几类指标？
5. 《绿色建筑评价标准》的编制原则有哪些？
6. 绿色建筑评价指标体系如何构成？

2

节能与能源利用

内容提要

本单元以建筑节能为对象，主要讲述建筑节能的基本概念、涵义和建筑节能的重要性。详细讲述了建筑围护结构的节能技术、建筑能源系统效率、可再生能源建筑应用技术、绿色建筑节能与能源评价标准等内容，并在实训环节提供建筑节能专项技术实训项目，作为本教学单元的实践训练项目，以供学生训练和提高。

技能目标

• 通过对建筑节能基本概念的学习，巩固已学的相关建筑节能的基本知识，了解建筑节能的基本概念、涵义和建筑节能的重要性。

• 通过对建筑围护结构节能技术的学习，要求学生熟练掌握建筑外墙、门窗和幕墙、屋面、地面等围护结构的节能技术。

• 通过对建筑能源系统效率的学习，要求学生掌握冷热电联产技术、空调蓄冷技术和能源回收技术。

• 通过对可再生能源建筑应用技术的学习，要求学生了解太阳能光热利用、太阳能光伏发电、被动式太阳房、太阳能采暖、太阳能空调、地源热泵、污水源热泵等技术。

• 通过对绿色建筑节能与能源评价标准的学习，要求学生掌握绿色建筑节能的评价标准。

本单元是为了全面训练学生对建筑节能与能源利用的掌握能力，检查学生对建筑节能与能源利用内容知识的理解和运用程度而设置的。

项目导入

中国是一个发展中大国，又是一个建筑大国，每年新建房屋面积高达 17 亿～18 亿平方米，超过所有发达国家每年建成建筑面积的总和。随着全面建设小康社会的逐步推进，建设事业迅猛发展，建筑能耗迅速增长。所谓建筑能耗是指建筑使用能耗，包括采暖、空调、热水供应、照明、炊事、家用电器、电梯等方面的能耗。其中采暖、空调能耗占 60%～70%。中国既有的近 500 亿平方米建筑，节能建筑约占 3%，其余无论是从建筑围护结构还是从采暖空调系统方面来衡量，均属于高耗能建筑。单位面积采暖所耗能源相当于纬度相近的发达国家的 2～3 倍。这是由于中国的建筑围护结构保温隔热性能差，采暖用能的 2/3 白白跑掉。而每年的新建建筑中真正称得上节能建筑的还不足 1 亿平方米，建筑耗能总量在中国能源消费总量中的份额已超过 27%，逐渐接近三成。

2.1 建筑节能概述

学习目标

了解建筑节能的基本概念、涵义和重要性，掌握建筑节能检测和目前存在的问题。

2.1.1 建筑节能基本概念

建筑节能，在发达国家最初为减少建筑中能量的散失，普遍称为"提高建筑中的能源利用率"，在保证提高建筑舒适性的条件下，合理使用能源，不断提高能源利用效率。

建筑节能具体指在建筑物的规划、设计、新建（改建、扩建）、改造和使用过程中，执行节能标准，采用节能型的技术、工艺、设备、材料和产品，提高保温隔热性能和采暖供热、空调制冷制热系统效率，加强建筑物用能系统的运行管理，利用可再生能源，在保证室内热环境质量的前提下，增大室内外能量交换热阻，以减少供热系统、空调制冷制热、照明、热水供应因大量热消耗而产生的能耗。

2.1.2 建筑节能的涵义

全面的建筑节能，即建筑全寿命过程中每一个环节节能的总和，是指建筑在选址、规划、设计、建造和使用过程中，通过采用节能型的建筑材料、产品和设备，执行建筑节能标准，加强建筑物所使用的节能设备的运行管理，合理设计建筑围护结构的热工性能，提高采暖、制冷、照明、通风、给排水和管道系统的运行效率，以及利用可再生能源，在保证建筑物使用功能和室内热环境质量的前提下，降低建筑能源消耗，合理、有效地利用能源。全面的建筑节能是一项系统工程，必须由国家立法、政府主导，对建筑节能作出全面的、明确的政策规定，并由政府相关部门按照国家的节能政策，制定全面的建筑节能标准；要真正做到全面的建筑节能，还须通过设计、施工、各级监督管理部门、开发商、运行管理部门、用户等各个环节，严格按照国家节能政策和节能标准的规定，全面贯彻执行各项节能措施，从而使每一位公民真正树立起全面的建筑节能观，将建筑节能真正落到实处。

2.1.3 建筑节能检测

建筑节能检测是通过一系列国家标准确定竣工验收的工程是否达到节能的要求。其依据 GB 50411—2007《建筑节能工程施工质量验收规范》对室内温度、供热系统室外管网的水力平衡度、供热系统的补水率、室外管网的热输送效率、各风口的风量、通风与空调系统的总风量、空调机组的水流量、空调系统冷热水总流量、冷却水总流量、平均照度与照明功率密度等进行节能检测。

公共建筑节能检测：依据 JGJ/T 177—2009《公共建筑节能检测标准》对建筑物室内平均温度、湿度、非透光外围护结构传热系数、冷水（热泵）机组实际性能系数、水系统回水温度一致性、水系统供回水温差、水泵效率、冷源系统能效系数、风机单位风量耗功率、新风量、定风量系统平衡度、热源（调度中心、热力站）室外温度等进行节能检测。

居住建筑节能检测：依据 JGJ/T 132—2009《居住建筑节能检测标准》对室内平均温

度、围护结构主体部位传热系数、外围护结构热桥部位内表面温度、外围护结构热工缺陷、外围护结构隔热性能、室外管网水力平衡度、补水率、室外管网热损失率、锅炉运行效率、耗电输热比等进行节能检测。

2.1.4 建筑节能的重要性

世界范围内石油、煤炭、天然气三种传统能源日趋枯竭，人类将不得不转向成本较高的生物能、水利、地热、风力、太阳能和核能，而我国的能源问题更加严重。我国能源发展主要存在四大问题：

① 人均能源拥有量、储备量低；

② 能源结构依然以煤为主，约占75%，全国年耗煤量已超过13亿吨；

③ 能源资源分布不均，主要表现在经济发达地区能源短缺和农村商业能源供应不足，造成"北煤南运""西气东送""西电东送"；

二维码2 《公共建筑节能检测标准》

④ 能源利用效率低，能源终端利用效率仅为33%，比发达国家低10%。

我国现有近500亿平方米房屋建筑面积，70%为高能耗建筑，所以必须进行建筑节能。

建筑用能正持续快速上升，所占社会能耗的比重不断增大。将从目前的27%左右上升到2020年的35%左右。

建设部要求到2020年应在1981年的基础上节能65%，到达中等发达国家水平，所以建筑节能任重而道远。

实施建筑节能的好处：改善建筑物的室内热环境；降低建筑使用能耗；有利于减少大气污染。

二维码3 《居住建筑节能检测标准》

建筑节能是一个系统工程，必须在能源利用的各个环节和系统从规划设计到运行的全过程中贯彻节能的观点，才能取得较好的效果。

建筑能耗包括建材生产能耗、建筑施工能耗和建筑使用能耗，其中建筑使用能耗占80%～90%。建筑使用能耗主要包括采暖、通风、空调、照明、炊事、电气等。

如果我国继续执行节能水平较低的设计标准，将留下很重的能耗负担和很大的治理难题。庞大的建筑能耗，已经成为国民经济的巨大负担，因此建筑行业全面节能势在必行。全面的建筑节能有利于从根本上促进能源资源节约和合理利用，缓解我国能源资源供应与经济社会发展的矛盾；有利于加快发展循环经济，实现经济社会的可持续发展；有利于长远地保障国家能源安全、保护环境、提高人民群众生活质量、贯彻落实科学发展观。

2.1.5 建筑节能存在的问题

① 现行标准对于室内热环境设计指标全国一致、城乡一致，不符合实际。建筑节能应以全国5个建筑热工分区的热适应人群为依据，分别确定本地区的室内热环境控制指标；同一地区的热环境质量水平应考虑城乡差别。

② 经典的节能技术尚未发挥足够的节能效益。建筑围护结构保温、隔热，窗口通风，墙面隔热涂料，玻璃贴膜等被动式、低能耗降温技术的标准强制力度不够。

③ 玻璃建筑空调装机容量和能耗同比高过一倍。这是由幕墙设计忽视玻璃幕墙建筑整体热惰性差、削峰能力弱的问题所致。现行设计标准推行的"权衡判断""对比评定"方法，成为了高能耗"节能建筑"泛滥的助推器。

④ 建筑设备的系统运行效率普遍不高。建筑设备的系统运行优化控制技术，尚未纳入强制设计要求；设备系统设计者不懂自控，自控设计者不懂运行，没有合作意识。

⑤ 建筑方案设计和规划许可管理环节建筑节能严重失控。基础能耗高的设计方案，只能通过大量投入高成本材料或技术进行补救。根本原因在于方案许可管理无视建筑节能，违背《民用建筑节能管理条例》规定，城市规划管理部门没有作为难逃其咎。

⑥ 建筑节能施工技术水平低、质量安全隐患大。建筑节能施工未经培训，无证施工，超高层玻璃幕墙、墙体外保温、节能外窗、建筑外遮阳等质量安全堪忧。

⑦ 建筑节能标准化水平不高。建筑节能材料标准、技术标准、标准设计（图集）、施工工法有待普及。

2.2 建筑围护结构节能技术

学习目标

了解建筑围护结构节能的基本范围，掌握建筑墙体、门窗和幕墙、屋面、地面的节能技术。

建筑围护结构是由包围空间或将室内与室外隔离开来的结构材料和表面装饰材料所构成的，包括屋面、墙、门、窗和地面。

围护结构需平衡通风、日照需求，提供适应于建筑所在地点气候特征的热湿保护。不同气候地区应采取相应的保温隔热措施如下。

① 寒冷地区，墙体主要考虑冬季保温的技术要求。

② 夏热冬暖地区，主要考虑夏季的隔热。要求围护结构白天隔热好，晚上内表面温度下降快。

③ 夏热冬冷地区，围护结构要保证夏季隔热为主，又要兼顾冬天保温要求。

④ 夏季闷热地区，即炎热而风小地区，隔热能力应大，衰减倍数宜大，延迟时间要足够长，使夏季内表面温度的峰值延迟出现在室外气温下降可以开窗通风的时段，如傍晚。加强屋面与西墙的保温隔热。

绿色建筑围护结构节能设计应考虑以下因素：气候、门窗开口和热效率。

2.2.1 墙体（材料）节能技术及设备

外墙节能意义重大，外墙占全部围护面积的 60% 以上，其能耗占建筑物总能耗的 40%。

（1）国外墙体材料发展现状

"绿色建材"是当今世界各国建材行业的发展方向，轻质、高强、高效、绿色环保以及复合型新型墙体材料是发展趋势。

各国墙体材料发展情况各不相同，主要有五大类：混凝土砌块、灰砂砖、纸面石膏板、加气混凝土、复合轻质板。

① 混凝土砌块　在美国和日本，建筑砌块已成为墙体材料的主要产品，分别占墙体材料总量的 34% 和 33%。在欧洲国家中，混凝土砌块的用量占墙体材料的比例在 10%～30% 之间。混凝土砌块的各种规格、品种颜色配套齐全，并制定了完善的产品标准、应用标准和

施工规范等。

② 灰砂砖 灰砂砖产品种类很多，从小型砖到大型砌块。灰砂砖以空心制品为主，实心砖产量很小。灰砂砌块均为凹槽连接，具有很好的结构稳定性。德国是灰砂砖生产和使用量较大的国家。灰砂砖产量较大的国家还有俄罗斯、波兰和其他东欧国家。

③ 纸面石膏板 美国是纸面石膏板最大生产国，目前年产量已超过20亿平方米。在日本，目前纸面石膏板年产量为6亿平方米。其他产量较大的国家有加拿大、法国、德国、俄罗斯等。在石膏原料方面，近年来，用工业废石膏生产石膏板和石膏砌块的技术发展迅速。

④ 加气混凝土 俄罗斯是加气混凝土生产和用量最大的国家，其次是德国、日本和一些东欧国家。在原料方面，加大了对粉煤灰、炉渣、工业废石膏、废石英砂和高效发泡剂的利用。法国、瑞典和芬兰已将密度小于 $300kg/m^3$ 的产品投入市场，该产品具有较低的吸水率和良好的保温性能。

⑤ 复合轻质板 复合轻质板包括玻璃纤维增强水泥（GRC）板、石棉水泥板、硅钙板与各种保温材料复合而成的复合板，金属面复合板、钢丝网架聚苯乙烯夹芯板（CS）等。它是目前世界各国大力发展的一种新型墙体材料。优点：集承重、防火、防潮、隔音、保温、隔热于一体。法国的复合外墙板占全部预制外墙板的比例是90%，英国是34%，美国是40%。

（2）国内墙体材料发展现状

我国建筑材料行业流行着"3个70%"的说法，即房建材料的70%是墙体材料；墙体材料的70%是黏土砖；而建筑行业节能的70%有赖于墙体材料的改革。

这种说法一方面是国内墙材应用的真实写照；另一方面也说明墙材革新有着巨大的潜力。我国的墙体材料改革已经历了十多个年头，但与工业发达国家相比，相对落后二三十年，主要表现在产品档次低、企业规模小、工艺装备落后、配套能力差等方面。

（3）新型墙体材料技术

新型墙体材料主要是非黏土砖、建筑砌块及建筑板材。

实际上，新型墙材已经出现了几十年，由于这些材料我国没有普遍使用，因此仍然被称作新型墙体材料。

新型墙材的特点包括轻质、高强、保温、隔热、节土、节能、利废、无污染、可改善建筑功能、可循环利用等。

（4）复合外墙技术

① 复合墙体是指在墙体主结构上增加一层或多层保温材料形成内保温、夹芯保温和外保温复合墙体，如图2.1所示。

图 2.1 复合墙体类型

② 复合墙体采用的材料主要有 A 级无机保温材料包括岩棉、泡沫玻璃等，它的缺点是导热性能不够好，岩棉很容易变形；B1、B2 级保温材料如改性酚醛、EPS 聚苯板和 XPS 挤塑板等。

目前建筑用保温、隔热材料主要包括岩棉、矿渣棉、玻璃棉、聚苯乙烯泡沫、膨胀珍珠岩、膨胀蛭石、加气混凝土及胶粉聚苯颗粒浆料等。这些材料的生产、制作都需要采用特殊的工艺和设备，而不是传统技术所能及的。

值得一提的是胶粉聚苯颗粒浆料，它是将胶粉料和聚苯颗粒轻骨料加水搅拌成浆料，抹于墙体外表面，形成无空腔保温层。聚苯颗粒骨料是采用回收的废聚苯板经粉碎制成的，而胶粉料掺有大量的粉煤灰，属于资源综合利用、节能环保的材料。

③ 复合墙体的主要制作方法：

膨胀聚苯板与混凝土一次现浇外墙外保温系统，适用于多层和高层民用建筑现浇混凝土结构外墙外保温工程。

膨胀聚苯板薄抹灰外墙外保温系统，适用于民用建筑混凝土或砌体外墙外保温工程。

机械固定钢丝网架膨胀聚苯板外墙外保温系统，适用于民用建筑混凝土或砌块外墙外保温工程。

胶粉聚苯颗粒外墙外保温系统，适用于寒冷地区、夏热冬冷和夏热冬暖地区民用建筑的混凝土或砌体外墙外保温工程。

现浇混凝土复合无网聚苯板胶粉聚苯颗粒找平外保温工法，适用于多层、高层建筑现浇钢筋混凝土剪力墙结构外墙保温工程和大模板施工的工程。

（5）墙体隔热措施

墙体隔热措施包括提高外墙夏季隔热效果的措施主要有外表面涂刷浅色涂料、提高墙体的热惰性（D 值）、外墙内侧采用重质材料等。

2.2.2 门窗节能技术及设备

门窗（幕墙）是建筑物热交换、热传导最活跃、最敏感的部位，其热损失是墙体的 5～6 倍，约占建筑围护结构能耗的 40%，因此门窗节能意义重大。

（1）窗体节能

对建筑物而言，环境中最大的热能是太阳辐射能，从节能的角度考虑，建筑玻璃应能控制太阳辐射，照射到玻璃上的太阳辐射一部分被玻璃吸收或反射，另一部分透过玻璃成为直接透过的能量。

目前窗体面积大约为建筑面积的 1/4，围护结构面积的 1/6。单层玻璃外窗的能耗约占建筑物冬季采暖夏季空调降温能耗的 50% 以上。窗体对于室内负荷的影响主要是通过空气渗透、温差传热以及辐射热的途径造成的。根据窗体的能耗来源，可以通过相应的有效措施来达到节能的目的。

外窗的节能措施有：尽量减少门窗的面积（北向≤25%，南向≤25%，东西向≤30%）、选择适宜的窗型（平开窗、推拉窗、固定窗、悬窗）、增设门窗保温隔热层（空气隔热层、窗户框料、气密性）、注意玻璃的选材（吸热玻璃、反射玻璃、贴膜玻璃）、设置遮阳设施（外廊、阳台、挑檐、遮阳板、热反射窗帘）等。

① 采用合理的窗墙面积比，控制建筑朝向。在兼顾一定的自然采光的基础之上，尽量减小窗墙面积比。一般对于夏季炎热、太阳辐射强度大的地区，东西向应尽量开小窗甚至不开窗；对于南面窗体则需要加强防太阳辐射的力度，北面窗体则应提高保温性能。在国家节能标准对窗墙比的要求中，寒冷地区居住建筑北向的窗墙比为 0.30，东西向的窗墙比为 0.35，南向的窗墙比为 0.50。

② 加强窗体的隔热性能、增强热反射、合理选择窗玻璃。常用玻璃的技术参数如表2.1所示。常用四种材料窗框的参数如表2.2所示。

表 2.1　常用玻璃的技术参数

玻璃名称	种类结构	透光率/%	遮阳系数 SD	传热系数 K /[W/(m² · K)]
单片透明玻璃	6C	89	0.99	5.58
单片热反射玻璃	6CTS140	40	0.55	5.06
双层透明中空玻璃	6C＋12A＋6C	81	0.87	2.72
热反射镀膜中空玻璃	6CTS140＋2A＋6C	37	0.44	2.54
高透型 Low-E 玻璃	6CES11＋12A＋6C	73	0.61	1.79
遮阳型 Low-E 玻璃	6CEB12＋12A＋6C	39	0.31	1.66

表 2.2　四种材料窗框的参数表

类别指标	单位	PVC 塑钢	铝合金	钢	玻璃钢
质量密度	10^3 kg/m³	1.4	2.9	7.85	1.9
热膨胀系数	10^{-6} ℃$^{-1}$	7.0	21.0	11.0	7.0
热导率	W/(m · ℃)	0.43	203.5	46.5	0.30
拉伸强度	MPa	50.0	150.0	420.0	420.0
比强度	N · m/kg	36.0	53.0	53.0	221.0
使用寿命	年	10	45	10	50

一般而言，坚固耐用、水密性和气密性好、外观颜色多样、热导率低、价格适中的窗框材料更易被市场所接受。

③ 增加外遮阳，减少热辐射。根据实践证明，适当的外遮阳布置，会比内遮阳窗帘对减少日射得热更为有效。有的时候甚至可以减少日射热量的 70%～80%。外遮阳可以依靠各种遮阳板、建筑物的遮挡、窗户侧檐、屋檐等发挥作用。

在我国南方地区建筑的外窗及透明幕墙，特别是东、西朝向，应优先采用外遮阳措施。

活动的外遮阳设施，夏季能抵御阳光进入室内，而冬季能让阳光进入室内，适用于北方地区。

固定外遮阳措施适用于以空调能耗为主的南方地区，它有利于降低夏季空调能耗。

当建筑采用外遮阳设施时，遮阳系统与建筑的连接必须保证安全、可靠，尤其在高层公共建筑应更加注意。

④ 安设窗体密封条，减少能量渗漏。窗体密封是一种最直接的建筑节能措施，可节能15% 以上。窗体密封除了减少冷热量（能量）渗漏还可以改善居住和工作条件。窗体密封条形状如图2.2所示。

（2）门窗节能设备

门窗的制造材料从单一的木、钢、铝合金等发展到了复合材料，如铝合金-木材复合、铝合金-塑料复合、玻璃钢等。

节能门窗包括 PVC 塑料门窗、铝木复合门窗、铝塑复合门窗、玻璃钢门窗等。

节能玻璃包括中空玻璃、热反射玻璃、太阳能玻璃、吸热玻璃、电致变色玻璃、玻璃替代品（聚碳酸酯板）等。

① 中空玻璃。中空玻璃应用的是保温瓶原理，是一种很有发展前途的新型节能建筑装饰材料。它具有优良的保温、隔热和降噪性能。北京天恒大厦地上 22 层，总建筑面积 5.7

图 2.2　窗体密封条形状

(a) 刷状条　　(b) V形条　　(c) 角条

(d) 管状平条　　(e) 管状角条　　(f) 鳍状条

万多平方米，真空玻璃幕墙 7000 多平方米，真空玻璃窗 2500m²，所用真空玻璃传热系数小于 1.2W/(m²·K)，计权隔声量高于 36dB。它是世界首座全真空玻璃大厦，也是世界首座采用大面积真空玻璃幕墙的大厦。

国家体育馆外围护玻璃幕墙玻璃分为两种方式，西、北立面采用以乳白色双层玻璃内填白色 30 厚挤塑板玻璃幕墙为主（传热系数控制在 0.8 以内），Low-E 中空玻璃幕墙为辅；东、南立面采用 Low-E 中空玻璃（传热系数控制在 2.0W 以内）。

② 热反射镀膜玻璃。热反射镀膜玻璃是在玻璃表面镀金属或金属化合物膜，使玻璃呈现丰富色彩并具有新的光、热性能。

在夏季光照强的地区，热反射玻璃的隔热作用十分明显，可有效衰减进入室内的太阳热辐射。但在无阳光的环境中，如夜晚或阴雨天气，其隔热作用与白玻璃无异。从节能的角度来看它不适用于寒冷地区，因为这些地区需要阳光进入室内采暖。

③ 镀膜低辐射玻璃。镀膜低辐射玻璃又称 Low-E 玻璃，是表面镀上拥有极低表面辐射率的金属或其他化合物组成的多层膜层的特种玻璃。

Low-E 玻璃将是未来节能玻璃的主要应用品种。

高透型 Low-E 玻璃，对以采暖为主的北方地区极为适用。

遮阳型 Low-E 玻璃，对以空调制冷的南方地区极为适用。

五棵松体育馆外墙应用 2.7 万平方米中空 Low-E 玻璃幕墙，采用纳米超双亲镀膜技术，导热系数 $K \leqslant 2$，遮阳系数 $\leqslant 0.45$。

④ 太阳能玻璃。太阳能玻璃又称光伏玻璃，是指用于太阳能光伏发电和太阳能光热组件的封装或盖板玻璃，主要使用太阳能超白压花玻璃或超白浮法玻璃。

太阳能玻璃被广泛应用于太阳能生态建筑、太阳能光伏产业、太阳能集热器、制冷与空调、太阳能热发电等领域。

作为新型节能环保类建材，太阳能玻璃有着巨大的应用潜力。目前我国的产能已经跃居世界第一位，但在核心技术层面，我国与欧美等发达国家还有一定的差距。

国家体育馆将 24 块太阳能电池板（德国进口）镶入外立面双层玻璃幕墙之中，为国内首次应用。

很多场馆使用太阳能电池幕墙等，做到太阳能建筑一体化工程。

⑤ 电致变色玻璃。电致变色玻璃由基础玻璃和电致变色系统组成。通过选择性地吸收或反射外界热辐射和阻止内部热扩散，可保温隔热，减少能耗。

⑥ 玻璃替代品（聚碳酸酯板）。聚碳酸酯板又称 PC 板、耐力板、阳光板，俗称"防弹胶"，属于热塑性工程塑料，是具有最大冲击强度的韧性板材。

聚碳酸酯板具有透光性好、强度高、抗冲击、重量轻、耐老化、易施工、隔热、隔音、防紫外线、阻燃等优点。

⑦ 现代建筑遮阳技术。现代建筑遮阳技术在近几年应用非常广泛，对建筑节能起到重要的作用。在奥运村住宅卧室及卫生间中，广泛使用了百叶中空玻璃。百叶中空玻璃是在中空玻璃内置百叶，可实现百叶的升降、翻转，结构合理，操作简便，具有良好的遮阳性能，提高了中空玻璃保温性能，改善了室内光环境，广泛适用于节能型建筑门窗。

深圳会议展览中心使用了世界上单片叶片最大、使用面积最大的遮阳百叶，于 2004 年 5 月建成应用。其单片百叶尺寸为 6m×1.3m，叶片投影总面积超过 50000m²，为可调节式遮阳百叶。

2.2.3 屋面节能技术及设备

屋顶的保温、隔热是围护结构节能的重点之一。在寒冷的地区屋顶要设保温层，以阻止室内热量散失。在炎热的地区屋顶设置隔热降温层以阻止太阳的辐射热传至室内。在冬冷夏热地区（黄河至长江流域），建筑节能则要冬、夏兼顾保温，常用的技术措施是在屋顶防水层下设置热导率小的轻质材料用作保温，如膨胀珍珠岩、玻璃棉等；也可在屋面防水层以上设置聚苯乙烯泡沫。

屋顶隔热降温的方法有架空通风、屋顶蓄水或定时喷水、屋顶绿化等。

（1）保温隔热屋面

①一般保温隔热屋面　一般保温隔热屋面又称为正置式屋面（平屋顶或坡屋顶最为常用），其构造一般为隔热保温层在防水层的下面。因为传统屋面隔热保温层的选材一般为珍珠岩、水泥聚苯板、加气混凝土、陶粒混凝土、聚苯乙烯板（EPS）等材料。这些材料普遍存在吸水率大的通病，如果吸水，保温隔热性能就大大降低，无法满足隔热的要求，所以一定要靠防水层做在其上面，防止水分的渗入，保证隔热层的干燥，方能隔热保温。

② 倒置式屋面　倒置式屋面是将憎水性保温材料设置在防水层上的屋面。《屋面工程技术规范》（GB 50207—2012）和《建筑设计资料集》第二版第 8 册中阐明，倒置式屋面（ir-maroof）就是"将憎水性保温材料设置在防水层上的屋面"。其构造层次为保温层、防水层、结构层。这种屋面对采用的保温材料有特殊的要求，应当使用吸湿性低而气候性强的憎水材料作为保温层（如聚苯乙烯泡沫塑料板或聚氨酯泡沫塑料板），并在保温层上加设钢筋混凝土、卵石、砖等较重的覆盖层。

倒置式屋面与普通保温屋面相比较，主要有如下优点：

a. 构造简化，避免浪费。

b. 防水层受到保护，避免热应力、紫外线以及其他因素对防水层的破坏。

c. 出色的抗湿性能使其具有长期稳定的保温隔热性能与抗压强度。

d. 如采用挤塑聚苯乙烯保温板能保持较长久的保温隔热功能，持久性与建筑物的寿命等同。

e. 憎水性保温材料可以用电热丝或其他常规工具切割加工，施工快捷简便。

f. 日后屋面检修不损材料，方便简单。

g. 采用了高效保温材料，符合建筑节能技术发展方向。

（2）架空通风屋面

架空隔热屋面是指用烧结黏土或混凝土制成的薄型制品，覆盖在屋面防水层上并架设一定高度的空间，利用空气流动加快散热，起到隔热作用的屋面。

架空通风屋顶在我国夏热冬冷地区广泛地采用，尤其是在气候炎热多雨的夏季，这种屋面构造形式更显示出它的优越性。通风屋顶的原理是在屋顶设置通风间层，一方面利用通风间层的外层遮挡阳光，如设置带有封闭或通风的空气间层遮阳板拦截直接照射到屋顶的太阳辐射热，使屋顶变成两次传热，避免太阳辐射热直接作用在围护结构上；另一方面利用风压和热压的作用，尤其是自然通风，将遮阳板与空气接触的上下两个表面所吸收的太阳辐射热转移到空气中随风带走，风速越大，带走的热量越多，隔热效果也越好，大大地提高了屋盖的隔热能力，从而减少室外热作用对内表面的影响。

通风间层屋顶的优点有很多，如省料、质轻、材料层少，还有防雨、防漏、经济、易维修等。最主要的是构造简单，比实体材料隔热屋顶降温效果好。甚至一些瓦面屋顶也加砌架空瓦用以隔热，保证白天能隔热，晚上又易散热。

通过有关实验证明，通风屋面和实砌屋面相比，虽然两者的热阻值相等，但它们的热工性能有很大的不同，以武汉市某节能试验建筑为例，在自然通风条件下，实砌屋顶内表面温度平均值为35.5℃，最高温度达38.9℃，而通风屋顶为33.5℃，最高温度为36.8℃，通风屋顶内表面温度比实砌屋面平均低2.0℃。通风屋顶还具有散热快的特点，实测表明，通风屋面内表面温度的最高值比实砌屋面要延后3～4h。

在通风屋面的设计施工中应考虑以下几个问题。

① 通风屋面的架空层设计应根据基层的承载能力，构造形式要简单，且架空板要便于生产和施工。

② 通风屋面和风道长度不宜大于15m，空气间层以200mm左右为宜。

③ 通风屋面基层上面应有保证节能标准的保温隔热基层，一般按冬季节能传热系数进行校核。

④ 架空平台的位置在保证使用功能的前提下应考虑平台下部形成良好的通风状态，可以将平台的位置选择在屋面的角部或端部。当建筑的纵向正迎夏季主导风向时，平台也可位于屋面的中部，但必须占满屋面的宽度；当架空平台的长度大于10m时，宜设置通风桥以改善平台下部的通风状况。

⑤ 架空隔热板与山墙间应留出250mm的距离。

⑥ 防水层可以采用1道或多道（复合）防水设防，但最上面一道宜为刚性防水层，要特别注意刚性防水层的防蚀处理，防水层上的裂缝可用一布四涂盖缝，分格缝的嵌缝材料应选用耐腐蚀性能良好的油膏。此外，还应根据平台荷载的大小，对刚性防水层的强度进行验算。

⑦ 架空隔热层施工过程中，要做好已完工防水层的保护工作。

（3）种植屋面

德国作为最先开发屋顶绿化技术的国家，在新技术研究方面处于世界领先的地位。到2007年，德国的屋顶绿化率达到80%左右，是全世界屋顶绿化做得最好的国家。

欧美其他国家如英国、瑞士、法国、挪威、美国等也都非常重视屋顶绿化，并获得了很好的效果。

日本政府特别鼓励建造屋顶绿化建筑。东京规定新建建筑物占地面积超过1000m² 者，屋顶必须有20%为绿色植物所覆盖，否则要被罚款。

目前欧美通常根据栽培养护的要求将屋顶绿化分为三种普遍类型：粗放式屋顶绿化、半精细式屋顶绿化、精细式屋顶绿化。

粗放式屋顶绿化，又称开敞型屋顶绿化，是屋顶绿化中最简单的一种形式。它具有以下基本特征：以景天类植物为主的地被型绿化，一般构造的厚度为5～15（20）cm，低养护，免灌溉，重量为60～200kg/m²。

半精细式屋顶绿化，是介于粗放式和精细式屋顶绿化之间的一种形式。其特点是：利用耐旱草坪、地被和低矮的灌木或可匍匐的藤蔓类植物进行屋顶覆盖绿化。一般构造的厚度为15~25cm，需要适时养护，及时灌溉，重量为120~250kg/m²。

精细式屋顶绿化，指的是植物绿化与人工造景、亭台楼阁、溪流水榭等的完美组合。它具备以下几个特点：以植物造景为主，采用乔、灌、草结合的复层植物配植方式，产生较好的生态效益和景观效果。一般构造的厚度为15~150cm，经常养护，经常灌溉，重量为150~1000kg/m²。

（4）蓄水屋面

蓄水屋面是在屋面防水层上蓄一定高度的水，起到隔热作用的屋面。

蓄水屋面主要原理为：在太阳辐射和室外气温的综合作用下，水能吸收大量的热而由液体蒸发为气体，从而将热量散发到空气中，减少了屋盖吸收的热能，起到隔热的作用。此外，水面还能够反射阳光，减少阳光辐射对屋面的热作用。水层在冬季还有一定的保温作用。

蓄水屋面既可隔热又可保温，还能保护防水层，延长防水材料的寿命。

一般水深50mm即可满足理论要求，但实际使用中以150~200mm为适宜深度。为了保证屋面蓄水深度均匀，蓄水屋面的坡度不可以大于0.5%。

屋面节能技术案例：国家体育馆屋顶采用比较罕见的九层复合结构，由水泥板、玻璃棉、防水层、吸隔声材料组成，并在最外层喷涂吸声材料，最大限度地减少屋外噪声的影响。

2.2.4 楼地面节能工程

在建筑围护结构中，通过地面向外传导的热（冷）量占围护结构传热量的3%~5%。

地面节能主要包括三部分：一是直接接触土壤的地面；二是与室外空气接触的架空楼板底面；三是地下室（±0.000m以下）、半地下室与土壤接触的外墙。

概括来说，楼、地面保温隔热分三类：

① 不采暖地下室顶板作为首层的保温隔热。

② 楼板下方为室外气温情况的楼、地面的保温隔热。

③ 上下楼层之间的楼面的保温隔热。

目前楼、地面的保温隔热技术一般分两种：

① 普通的楼面在楼板的下方粘贴膨胀聚苯板、挤塑聚苯板或其他高效保温材料后吊顶。

② 采用地板辐射采暖的楼、地面，在楼、地面基层完成后，在该基层上先铺保温材料，而后将交联聚乙烯、聚丁烯、改性聚丙烯或铝塑复合等材料制成的管道按一定的间距、双向循环的盘曲方式固定在保温材料上，然后回填细石混凝土，经平整振实后，就在其上铺地板。

楼地面的几种保温构造如图2.3~图2.5所示。

对于常规保温地面，基层是指结构层上部的找平层，在进行保温层施工前，基层应平整，表面要干燥。为了防止保温材料因受土壤潮气而受潮，在保温层结构层之间增加了隔离层，隔离层的施工质量对于上部保温层的保温效果非常重要，如果隔离层所采用材料达不到设计要求，施工过程中材料接缝密封不严，潮气将进入保温层，不仅将影响效果，而且可能造成保温层因结冻或湿汽膨胀而造成破坏。

2.2.5 双层幕墙节能技术

20世纪70年代以来，玻璃幕墙随着现代建筑的发展以前所未有的速度在全世界得到普

图 2.3　不采暖地下室顶板的保温构造示意

图 2.4　直接暴露于大气中的楼、地面的保温
构造示意（保温层位于楼板之下）

图 2.5　直接暴露于大气中的楼、地面的保温构造示意（保温层位于楼板之上）

及。随着玻璃幕墙的广泛应用，其弊端也逐渐显现出来，如：由于玻璃材料的传热系数比较于传统的砖石等材料要大很多，并且夏季太阳辐射可以直接射入玻璃形成温室效应，因此普通玻璃幕墙的供热、制冷能耗相应大大增加，而且很难达到人体舒适性的要求。玻璃幕墙建筑由于其高能耗也被人们所诟病。另外玻璃幕墙也会在城市环境中带来光污染、吸热作用产生的热岛效应等不良问题。

随着世界范围内环境、能源问题的凸现，人们对玻璃幕墙的种种弊端逐渐重视起来。这也促使人们开发和采用新型建筑材料、品种，采用新型的结构构造体系、正确的施工方法来解决这些出现的问题。近几十年来，玻璃幕墙得到了进一步的发展，逐渐向智能化、生态化的方向发展，其中一个重要的发展成果是双层幕墙结构（double skin facade，DSF）。

（1）双层幕墙的概念

根据 GB/T 21086 的定义，双层幕墙是由外层幕墙、热通道和内层幕墙（或门、窗）构成，且在热通道内可以使空气有序流动的建筑幕墙。双层幕墙是双层结构的新型幕墙，外层结构一般采用点式玻璃幕墙、隐框玻璃幕墙或明框玻璃幕墙，内层结构一般采用隐框玻璃幕墙、明框玻璃幕墙、铝合金门或铝合金窗。内外结构之间分离出一个介乎室内和室外的中间层，形成一种通道，空气可以从下部进风口进入通道，也可以从上部出风口排出通道，空气在通道中流动，导致热能在通道中的流动和传递。这个中间层称为热通道，也称为热通道幕墙。

二维码 4　双层幕墙和
光电幕墙应用技术

（2）双层幕墙的类型

双层幕墙由内外两层玻璃幕墙组成，与传统幕墙相比，它的最大特点是由内外两层幕墙

之间形成一个通风换气层，由于此换气层中空气的流通或循环的作用，使内层幕墙的温度接近室内温度、减小温差，因而它比传统的幕墙采暖时节约能源 42%～52%；制冷时节约能源 38%～60%。另外由于双层幕墙的使用，整个幕墙的隔音效果、安全性能等也得到了很大的提高。双层幕墙根据通风层的结构的不同可分为封闭式内通风和敞开式外通风两种。

① 封闭式内通风双层幕墙。封闭式内通风双层幕墙，一般在冬季较为寒冷的地区使用，其外层原则上是完全封闭的，一般由断热型材与中空玻璃组成外层玻璃幕墙，其内层一般为单层玻璃组成的玻璃幕墙或可开启窗，以便对外层幕墙进行清洗。两层幕墙之间的通风换气层一般为 100～200mm。通风换气层与吊顶部位设置的暖通系统抽风管相连，形成自下而上的强制性空气循环，室内空气通过内层玻璃下部的通风口进入换气层，使侧幕墙玻璃温度达到或接近室内温度，从而形成优越的温度条件，达到节能效果。在通道内设置可调控的百叶窗或垂帘，可有效地调节日照遮阳，为室内创造更加舒适的环境。

根据英国劳氏船社总部大厦及美国西方化学中心大厦的使用来看，其节能效果较传统单层幕墙提高 50%以上。

② 敞开式外通风双层幕墙。敞开式外通风双层幕墙与封闭式内通风双层幕墙相反，其外层是单层玻璃与非断热型材组成的玻璃幕墙，内层是由中空玻璃与断热型材组成的幕墙。内外两层幕墙形成的通风换气层的两端装有进风和排风装置，通道内也可设置百页等遮阳装置。冬季时，关闭通风层两端的进排风口，换气层中的空气在阳光的照射下温度升高，形成一个温室，有效地提高了内层玻璃的温度，减少了建筑物的采暖费用。夏季时，打开换气层的进排风口，在阳光的照射下换气层空气温度升高自然上浮，形成自下而上的空气流，由于烟囱效应带走通道内的热量，降低内层玻璃表面的温度，减少制冷费用。另外，通过对进排风口的控制以及对内层幕墙结构的设计，达到由通风层向室内输送新鲜空气的目的，从而优化建筑通风质量。

可见敞开式外通风双层幕墙不但具有封闭式内通风双层幕墙在遮阳、隔音等方面的优点，而且在舒适节能方面更为突出，提供了高层超高层建筑自然通风的可能，从而最大限度地满足了使用者生理与心理上的需求。

敞开式外循环体系双层幕墙，在德国法兰克福的德国商业银行总行大厦、德国北莱因-威斯特法伦州鲁尔河畔埃森市的"RWE"工业集团总部大楼采用。

内通风与外通风双层幕墙作用原理如图 2.6 所示。

(a) 外通风   (b) 内通风

图 2.6 内通风与外通风双层幕墙作用原理

（3）双层玻璃幕墙的特点

① 高效节能。与基准幕墙和普通节能幕墙相比，双层幕墙的是节能效果最理性的高效节能幕墙，经实践证明北京地区其节能效果如表 2.3 所示。

表 2.3 双层幕墙节能效果对比

序号	幕墙类型	传热系数 K /[W/(m²·K)]	遮阳系数 SC	围护结构平均热流量/(W/m²)	围护结构节能百分比/%	备注
1	基准幕墙	6.0	0.7	336.46	0	非隔热型材非镀膜单层玻璃
2	节能幕墙	2.0	0.35	166.99	50.4	隔热型材镀膜中空玻璃
3	双层幕墙	<1.0	0.2	101.16	69.9(39.5)	

注：计算以北京地区夏季为例，建筑体形系数取 0.3，窗墙面积比取 0.7，外墙（包括非透明幕墙）传热系数取 0.6W/(m²·K)，室外温度取 34℃，室内温度取 26℃，夏季垂直面太阳辐射照度取 690W/m²，室外风速取 1.9m/s，内表面换热系数取 8.3W/m²。

② 环境舒适。与单层幕墙和普通节能幕墙相比，双层幕墙能创设良好的热环境和通风环境，提供舒适的办公环境，如图 2.7 所示。

(a) 单层幕墙办公环境　　　　(b) 智能型呼吸式幕墙办公环境

图 2.7 单层幕墙与智能型呼吸式幕墙的比较

③ 采光合理。进入室内的光线角度和强弱，直接影响到人的舒适感。双层玻璃幕墙可以根据人的需要而做出改变，只要轻轻一按开关，遮阳百页便可按照人的意愿收起或任意位置放下或叶片倾斜，让光线均匀进入室内，让人尽情享受光线的变化，大大改善室内光环境。

④ 隔声降噪。双层幕墙特制的内外双层构造、缓冲区和内层全密封方式，使其隔声性能比传统幕墙高一倍以上（内层玻璃幕墙开窗时 45dB，关窗时 67dB）。

⑤ 安全性能。双层幕墙下雨时可通风，雨不会进入室内，可保持物品安全，通风时风速柔和，东西不会被风卷走。双层幕墙物品不易坠落，而且两道玻璃幕墙防护有利于防盗。

⑥ 双层玻璃幕墙的缺点。目前，有些双层幕墙由于设计不当会造成炎热夏季室内过热，缺乏对有害气体的净化能力等；同时，双层幕墙也具有立面造价增高 1.5～2 倍、立面清洁维护费用高等缺点。

（4）双层幕墙的工作原理

① 冬季保温工作原理。进入冬季，关闭呼吸幕墙的出气口，使缓冲区形成温室。白天太阳照射使温室内空气蓄热，温度升高，使内层幕墙的外片玻璃温度升高，从而降低内层幕

墙内外的温差。有效阻止室内热量向外扩散。夜间室外温度降低，由缓冲区内蓄热空气向外层幕墙补偿热量，而室内热量得到相应保持，因而无论白天和夜间，均可实现保温功能。

② 夏季隔热工作原理。进入夏季，打开出气口，利用空气流动热压原理和烟囱效应，使双层玻璃幕墙由进气口吸入空气进入缓冲区，在缓冲区内气体受热，产生由下向上的热运动，由出气口把双层玻璃幕墙内的热气体排到外面，从而降低内层幕墙温度，起到隔热作用。

（5）双层幕墙节能技术

① 双层幕墙的热适应性。双层皮玻璃幕墙在四个朝向均有较好的热工性能（双层间遮阳的双层幕墙相对于采取内遮阳的单层幕墙），尤其是西向。但前提条件是保证双层皮玻璃幕墙的空腔间层有较好的通风状况。经测试，南向实验室内温差有 6～7℃，北向实验室内温差也有 4～5℃，而西向实验竟达 17℃ 之多。传统的单层玻璃幕墙的维护结构为一层玻璃，由于玻璃的通透性，夏季阳光直射到室内，直接产生温室效应，造成室内过热。而双层玻璃幕墙不同于传统的单层幕墙，它由内外两道幕墙组成。双层皮空腔间层若是处于空气流动的可控制状态，则室内外热量在此空间内流动、交换，可实现室外气候和室内小环境的过滤器和缓冲层作用。不难理解，在高温的夏季，持续烘烤的西向比其他方向更能体现这种过滤缓冲效应带来的差异。

因而，具有合适遮阳位置和通风模式的双层玻璃幕墙比传统的单层玻璃幕墙具有更佳的热工性能。在夏热冬冷地区，双层玻璃幕墙会直接降低空调的使用时间，不仅节约了能源，还有利于生态环境。

② 双层幕墙的遮阳性能。遮阳状况的有无和好坏，是影响双层幕墙室内热环境的关键因素。而其中遮阳的位置是双层幕墙的设计重点之一，不同的位置将对其功效产生不同影响。在有通风的前提条件下，双层皮双层间遮阳的效果要比其他遮阳方式的效果好，不仅降低了室内空气温度，而且减少了遮阳构件所占用的建筑室内使用面积，实现了在节能的前提下保持了光洁建筑物表面的设计初衷。没有做任何热防护的单层玻璃幕墙的隔热效能则最差。值得注意的是在没有通风的情况下，双层间遮阳的双层皮的传热系数（U 值）要高于外遮阳的单层皮，也就是说前者不能保证较好的通风时，其空腔间层的烟囱效应无法发挥作用，隔热效能反而不行。

因而，对双层幕墙而言，除了正确设计以外，正确使用也是十分重要的。采用双层间遮阳并配合恰当的通风方式是双层幕墙在夏季不可或缺的条件。

③ 双层幕墙的通风性能。通风状况的好坏，是影响双层幕墙空腔间层和室内热环境的基本因素。由于通风的原因，双层幕墙空腔内二次辐射热较快地从风口导出，由此影响到内层玻璃外表面和内表面的温度，这又直接影响到室内温度。有通风的双层幕墙比无通风的在夏季具有更佳的防热能力。

在夏天强烈的阳光辐射下，双层幕墙空腔换气层往往温度较高。若是进出风口的自然通风无法实现，反而急剧增加了制冷的负荷，这对于夏季炎热地区是致命的缺点。所以，在夏季保证双层幕墙空腔间层良好的通风条件，是发挥双层幕墙优越性的关键所在。

④ 双层幕墙的节能效果。双层幕墙在夏季具有良好的节能效应。在有通风的条件下，双层间有遮阳的双层皮和内遮阳的单层皮的能耗比较实验当中，双层皮室内温度在空调设定的工作温度 27℃ 上下波动，空调正常间歇时间为 30～45min。然而，单层皮室内温度从上午 9：30 到 17：00 一直在空调工作温度以上，并于 13：30 出现峰值 32℃，空调持续工作。单层皮其他时段内空调的间歇时间也比双层皮要短一些。24h 能耗比较，无论双层皮空腔间层有无通风，双层皮比单层皮都要节能 14%。即便在单层皮采取外遮阳的情况下，双层玻璃幕墙也要节能 5.9%。

能耗对比试验所采用的单层玻璃幕墙是把其中一个双层玻璃幕墙实验房外层的玻璃拿掉后形成的，其内层由一半复合铝板和一半 8mm 白色玻璃组合成外皮。而真正意义上的传统单层玻璃幕墙是整片大玻璃覆盖立面，比实验站使用的单层玻璃幕墙多出一半的直接接受热辐射的面积，室内外换热量多出一倍，因此能耗也要增加将近一倍。这样理解的话，实际上双层幕墙比单层幕墙要节能约 50%。

2.2.6　光电幕墙（屋顶）节能技术

人类对太阳能的利用很早就开始了，最早可追溯到 20 世纪 20、30 年代。在 20 世纪 60、70 年代，太阳能光伏电池已经在实际使用中获得了不错的效果，但由于当时的光伏组件转换率不高，同时价格昂贵，因此没有得到大面积的推广。

人类真正大规模应用太阳能进行光伏发电，还是在本世纪初。2000 年前后，在以德国为首的欧美国家的大力倡导和扶持下，太阳能热潮席卷了全球，促成了太阳能光伏产业的快速发展。光电幕墙可就地发电、就地使用，减少电力输送过程的费用和能耗，省去输电费用；自发自用，有削峰的作用，加上储能装置就可以用作备用电源。分散发电，避免传输和分电损失（5%～10%），降低输电和分电投资与维修成本；并使建筑物的外观更有魅力。

（1）光电幕墙（屋顶）的概念

光电幕墙（屋顶）是将传统幕墙（屋顶）与光生伏打效应（光电原理）相结合的一种新型建筑幕墙（屋顶）。它主要是利用太阳能来发电，是一种新型的绿色的能源技术。

（2）光电池基本原理

光电幕墙（屋顶）的基本单元为光电板，而光电板是由若干个光电池（又名太阳能电池）进行串、并联组合而成的电池阵列，把光电板安装在建筑幕墙（屋顶）相应的结构上就组成了光电幕墙（屋顶）。

① 光电现象。1839 年，法国物理学家 A.E 贝克威尔观察到光照在浸入电解液的锌电板产生了电流，将锌板换成带铜的氧化物半导体，其效果更为明显。1954 年美国科学家发现从石英提取出来的硅板，在光的照射下能产生电流，并且硅越纯，作用越强，并利用此原理制作了光电板，称为硅晶光电电池。

② 硅晶光电电池分类：

硅晶光电电池可分为单晶硅电池、多晶硅电池和非硅晶电池。

单晶硅光电电池表面规则稳定，通常呈黑色，效率为 14%～17%。

多晶硅光电电池结构清晰，通常呈蓝色，效率为 12%～14%。

非硅晶光电电池透明，不透明或半透明，透过 12% 的光时，颜色为灰色，效率为 5%～7%。

③ 光电板基本结构。光电板上层一般为 4mm 白色玻璃，中层为光伏电池组成光伏电池阵列，下层为 4mm 的玻璃，其颜色可任意，上下两层和中层之间一般用铸膜树脂（EVA）热固而成，光电池阵列被夹在高度透明、经加固处理的玻璃中，在背面是接线盒和导线。模板尺寸：从 500mm×500mm 至 2100mm×3500mm。从接线盒中穿出导线一般有两种构造：照片所显示的构造，是从接线盒穿出的导线在施工现场直接与电源插头相连，这种结构比较适合于表面不通透的建筑物，因为仅外片玻璃是透明的；照片所显示的构造是导线从装置的边缘穿出，那样导线就隐藏在框架之间，这种结构比较适合于透明的外立面，从室内可以看见此装置。

④ 光电幕墙的基本结构。光电模板安装在建筑幕墙（屋顶）的结构上则组成光电幕墙，一般情况下，建筑幕墙的立柱和横梁都是采用断热铝型材，除了要满足 JGJ 102 规范和 GB/T 21086—2007 标准要求之外，刚度一般高一些为好，同时，光电模板要能够便于更换。

（3）光电幕墙设计

① 光电幕墙（屋顶）产生电能的计算公式如下：

$$PS = HA\eta K$$

式中　PS——光电幕墙（屋顶）每年生产的电能，MJ/a；

　　　H——光电幕墙（屋顶）所在地区，每平方米太阳能一年的总辐射，MJ/(m²·a)，可参照表 2.4 查取；

　　　A——光电幕墙（屋顶）光电面积，m²；

　　　η——光电电池效率，建议单晶硅 $\eta = 12\%$，多晶硅 $\eta = 10\%$，非晶硅 $\eta = 8\%$；

　　　K——参正系数。

$$K = K_1 K_2 K_3 K_4 K_5 K_6$$

各分项系数建议值如下：

K_1——光电电池长期运行性能参正系数，$K_1 = 0.8$；

K_2——灰尘引起光电板透明度的性能参正系数，$K_2 = 0.9$；

K_3——光电电池升温导致功率下降参正系数，$K_3 = 0.9$；

K_4——导电损耗参正系数，$K_4 = 0.95$；

K_5——逆变器效率，$K_5 = 0.85$；

K_6——光电模板朝向修正系数，其数值可参考表 2.5 选取。

$3600J = 3600W \cdot s = 3.6kW \cdot s = 0.001kW \cdot h$

表 2.4　我国太阳辐射资源带

资源带号	名称	指标/[MJ/(m²·a)]
I	资源丰富带	≥6700
II	资源较富带	5400～6700
III	资源一般带	4200～5400
IV	资源贫乏带	<4200

表 2.5　光电板朝向与倾角的修正系数 K_6

幕墙方向	光电阵列与地平面的倾角			
	0°	30°	60°	90°
东	93%	90%	78%	55%
南-东	93%	96%	88%	66%
南	93%	100%	91%	68%
南-西	93%	96%	88%	66%
西	93%	90%	78%	55%

② 光电幕墙设计需注意以下问题。

光电幕墙设计必须考虑美观、耐用。

光电幕墙设计必须具备基本的建筑功能。

光电幕墙设计必须满足建筑设计规范（载荷、受力）。

太阳能光伏发电系统：作为电力系统，必须安全、稳定、可靠。

当地的气象因素是太阳能系统今后发挥效能的最重要影响因素。

在我国南方地区，阵列倾角可比当地纬度增加 10°～15°；在北方地区，阵列倾角可比当地纬度增加 5°～10°。

由于工程所在地的气象条件不同，包括不同的基本风压、雪压；安装的位置不同，如屋面、立面、雨棚等，都会使围护系统的受力结构不同。

结晶硅玻璃可以有任意尺寸，非晶硅（薄膜电池）光伏组件的规格不能随意进行切割，在进行分格时也必须充分考虑。

光伏幕墙走线在胶缝或型材腔内，也可以在明框幕墙的扣盖内，即可以走线于可以隐蔽的空隙内。

光伏并网逆变系统（并网逆变器）和交、直流配电系统也是设计中要考虑的重要部分。

光伏发电对于建筑的要求，这里面有个方位角和倾角的问题，比如城市中央建筑物林立，很容易造成遮挡，这样会使发电量减少。

（4）光电幕墙安装与维护

① 安装地点要选择光照比较好、周围无高大的物体遮挡太阳光照的地方，当安装面积较大的光电板时，安装地方要适当宽阔一些，避免碰损光电板。

② 通常光电板总是朝向赤道，在北半球其表面朝南，在南半球其表面朝北。

③ 为了更好地利用太阳能，并使光电板全年接受太阳辐射量比较均匀，一般将其倾斜放置，光电电池阵列表面与地平面的夹角称为阵列倾角。

④ 当阵列倾角不同时，各个月份光电板表面接受到的太阳辐射量差别很大。有的资料认为：阵列倾角可以等于当地的纬度，但这样又往往会使夏季光电阵列发电过多而造成浪费，而冬天则由于光照不足而造成亏损。也有些资料认为：所取阵列倾角应使全年辐射量最弱的月份能得到最大的太阳辐射量，但这样又往往会使夏季削弱过多而导致全年得到的总辐射量偏小。在选择阵列倾角方面，应综合考虑太阳辐射的连续性、均匀性和冬季极大性等因素。大体来说，在我国南方地区，阵列倾角可比当地纬度增加 $10°\sim15°$；在北方地区，阵列倾角可比当地纬度增加 $5°\sim10°$。

⑤ 光电幕墙（屋顶）的导线布线要合理，防止因布线不合理而漏水、受潮、漏电，进而腐蚀光电电池，缩短其寿命；为了防止夏天温度较高影响光电电池的效率，延长光电板寿命，还应注意光电板的散热。

⑥ 光电幕墙（屋顶）安装还应注意以下几点。

安装时最好用指南针确定方位，光电板前不能有高大建筑物或树木等遮蔽阳光。

仔细检查地脚螺钉是否结实可靠，所有螺钉、接线柱等均应拧紧，不能有松动。

光电幕墙和光电屋顶都应有有效的防雷、防火装置和措施。必要时还要设置驱鸟装置。

安装时不要同时接触光电板的正负两极，以免短路烧坏或电击，必要时可用不透明材料覆盖后接线、安装。

安装光电板时，要轻拿轻放，严禁碰撞、敲击，以免损坏。注意组件、二极管、蓄电池、控制器等电器极性不要接反。

⑦ 光电幕墙（屋顶）每年至少进行两次常规性检查，时间最好在春天和秋天。在检查的时候，首先检查各组件的透明外壳及框架有无松动和损坏。可用软布、海绵和淡水对表面进行清洗除尘，最好在早晚清洗，避免在白天较热的时候用冷水冲洗。

除了定期维护之外，还要经常检查和清洗，遇到狂风、暴雨、冰雹、大雪等天气应及时采取防护措施，并在事后进行检查，只有检查合格后才能再正常使用。

（5）光电幕墙经济效益

① 以某市某工程南立面单晶硅光伏幕墙装机容量为 50kWP，年发电量如表 2.6 所示。

② 薄膜光伏幕墙投入产出计算如下：

2009 年 3 月 23 财建［2009］129 号《太阳能光电建筑应用财政补助资金管理暂行办法》的颁布，其中明确指出"2009 年补助标准原则上定为 20 元/WP"。

表 2.6 某工程南立面单晶硅光伏幕墙年发电量

项目	数值
水平面年辐照度/(MJ/m²)	4421
当地纬度/(°)	32
光伏阵列倾角/(°)	90
光伏阵列容量/kWP	50
光伏系统损耗/%	35
直射辐照度/(MJ/m²)	5213
阵列平面辐照度/(MJ/m²)	2762
光伏系统年发电量/kW·h	42998
光伏系统日发电量/kW·h	119
平均每天满功率小时数/h	2.35
kW·h电耗煤/g	390
年节省标准煤/t 年减排二氧化碳/t 年减排二氧化碳/万立方米 年减排二氧化硫/t 年减排氮氧化物/t 年减排粉尘/t 年减排灰渣/t	10.6 27.6 1.39 0.127 0.212 0.132 2.80

以装机容量为 50kWP 计算，国家的财政补助为：20×50000＝100（万元）。

光伏幕墙每平方米的容量为 100WP，容量为 50kWP 需（50000/100＝）500m² 光伏幕墙，每平方米光伏幕墙 4000 元，光伏幕墙造价为：500×4000＝200（万元）。

如此处安装常规幕墙的费用为：500×1000＝50（万元）。

安装光电幕墙比安装普通幕墙前期多投入：200－100－50＝50（万元）。

光伏幕墙年产电量价值为：42998（度）×0.8＝3.44（万元）。

光电幕墙（屋顶）在中国的大规模推广应用，除了有关研究开发机构及公司企业进一步努力之外，还需要政府有关机构和部门对其重要性和迫切性进一步提高认识，进一步扩展其战略规划和发展计划，进一步制定有效的扶持政策和措施，进一步加强指导和引导，使光电幕墙、光电屋顶在不太长的时间内，大规模合理应用，大规模健康发展。

2.3 建筑能源系统效率

 学习目标

了解建筑能源系统效率的基本范围，掌握冷热电联产技术、空调蓄冷技术和能源回收技术等节能技术。

优秀的建筑能源系统包括冷热电联产技术、空调蓄冷技术和建筑能源回收技术等。

2.3.1 冷热电联产技术

冷、热、电三联供是指利用燃料燃烧产生的热量发电的同时，根据用户的需要，将发电后的余能用于制冷或制热，实现能量的梯级利用。发电后的余能一般指高温烟道气、各种工艺冷凝冷却热，其具体实现的途径有多种。

建筑冷热电联产，即通过能源的梯级利用，使燃料通过热电联产装置发电后，变为低品位的热能用于采暖、生活供热等用途的供热；这一热量也可驱动吸收式制冷机，用于夏季的空调，从而形成热电冷三联供系统，如图 2.8 所示。

图 2.8　建筑冷热电联产示意图

（1）分布式冷热电联产

分布式能源是相对于传统集中式能源（如大型电厂）而言的，它一般满足两个特征：一是分布式能源系统是一个用户端或靠近用户端的能源利用系统；二是它是一个能源梯级利用或可再生能源综合利用的设施。因此分布式能源系统多以冷热电联供为主要形式，也就是以小规模、小容量、模块化、分散式的方式布置在用户附近，独立地输出冷、热、电能的系统（也被称为 CCHP，combined cooling，heating，power 的缩写）。通过对能源的梯级利用，总能效可达到 90% 以上，实现了比分产系统更高的能源利用率。

分布式发电系统的核心设备是热电转换装置，在全球目前投入使用的天然气热电联产系统中，微型燃气轮机、燃气热气机及燃气内燃机是主要的几类热电转换装置。

分布式冷热电联供技术作为世界范围的能源革命性技术已渐渐被世界各国广泛接受和应用，它以高效、环保、低噪声和安全性等特点受到越来越多的业主和建筑商的接受和使用。

（2）分布式冷热电联供系统的优点

① 节能而产生的经济效益。分布式冷热电联供通过对能源的梯级利用，大大提高了能源的综合利用效率。对使用者而言，相对于分别向电网购买电力供电和购买燃料供热，有更高的经济效益。冷热电三联供总能效可达到 90% 以上，同时综合节约能源费用超过 30%。

② 减少线路损耗。分布式能源系统由于是建在用户附近，大大减少了线路损耗，降低了大型管网和输配电的建设和运行费用。

③ 提高供电安全性。分布式电源既能充当主用电源，也可作为后备电源，可有效避免意外事故造成供电中断，保证供电安全。

④ 环保。由于分布式能源系统多采用天然气以及可再生能源等清洁能源为燃料，而动力设备本身也可达到较高的排放标准。因此，分布式能源系统较之常规的分产能源供应设施（如燃煤发电和燃煤供热锅炉）更能满足对环保的要求。

（3）分布式冷热电联供系统的主要应用

由于分布式冷热电联供系统利用天然气可以达到很高的能量利用效率，因此在国外得到了非常快的发展。从 1978 年最早在美国推广使用以来，目前在美国已有 6000 多座分布式能源站，仅大学校园就有 200 多个采用了分布式热电联供系统。

目前"西气东输"工程的实现为我国发展以天然气作为燃料的热电联供系统提供了非常好的条件，对于那些如宾馆、饭店、高档写字楼、高级公寓、大型商场、学校、机关、医院等有稳定的冷、热、电负荷需求，对动力设备的环境特性要求较高，对电力品质及安全系数要求较高，同时对电力供应不足的单位或地区有非常好的适用性。

[案例] 上海舒雅良子休闲中心的分布式供能系统是目前几个系统中运行经济性最好的。该项目由于受到天然气供应的限制，所以供能系统主要选用两台 VOLVO 公司 HIW-210/168kW 柴油发电机，一备一用。发电机产生的 470℃ 高温排气用于余热锅炉产生 65℃ 热水，发动机冷却水和润滑油冷却水通过换热器置换出热水，两路热水均通过蓄热水箱供热。系统发电功率为 150kW，供热水（65℃）3100kg/h，年运行小时约 4380h，总能源利用效率为 80.1％。

2.3.2 空调蓄冷技术

空调蓄冷技术，即是在电力负荷很低的夜间用电低谷期，采用制冷机制冷，利用蓄冷介质的显热或潜热特性，用一定方式将冷量存储起来。在电力负荷较高的白天，也就是用电高峰期，把存储的冷量释放出来，以满足建筑物空调或生产工艺的需要。

常规电制冷中央空调系统分为两大部分：冷源和末端装置。冷源由制冷机组提供 6～8℃ 的冷水给末端装置，通过末端中的风机盘管，空调箱等空调设备降低房间温度，满足建筑物的舒适要求。

采用蓄冰空调系统后，可以将原常规系统中设计运行 8h 或 10h 的制冷机组压缩容量 35％～45％，在电网后夜半低谷时段（低电价）开机，用制冰蓄冷模式将冷量储存在蓄冰设备中；而后在电网用电高峰（高电价）时段，制冷机组满足部分空调设备，其余部分用蓄冰设备融冰输出冷量来满足，从而达到"削峰填谷"、均衡用电及降低电力设备容量的目的。

2.3.3 建筑能源回收技术

能源是国民经济的基础产业，也是公用事业，更是经济发展和提高人民生活水平的物质基础。人类社会的进步与能源的发展密切相关。高舒适性的空调系统不仅仅与空调系统的设计有关，还与室内环境品质有关，包括与室内环境的声、光、热等以及室内建筑装修、建筑材料、空气品质等物理化学因素有关。

置换通风起源于北欧，1978 年德国柏林的一家铸造车间首先使用了置换通风装置。现在置换通风广泛应用于工业建筑、民用建筑和公共建筑，北欧的一些国家 50％ 的工业通风系统、25％ 的办公通风系统采用了置换通风系统。我国的一些工程开始采用了置换通风系统，并取得了令人满意的效果。

在夏季，将新风的热量转移到排风出口，将排风入口的冷量转移到新风出口，对新风进行降温、降湿，达到不增加室内新风的冷负荷的效果。

在冬季，将新风的冷量转移到排风出口，将排风入口的热量转移到新风出口，对新风进行加热、加湿，达到不增加室内新风的热负荷的效果。

2.4 可再生能源建筑应用技术

学习目标

了解可再生能源的基本概念，了解太阳能光热利用、太阳能光伏发电、被动式太阳房、太阳能采暖、太阳能空调、地源热泵、污水源热泵等节能技术。

可再生能源建筑应用技术主要包括太阳能光热利用、太阳能光伏发电、被动式太阳房、太阳能采暖、太阳能空调、地源热泵、污水源热泵等技术。

2.4.1 太阳能热水系统

太阳能热水系统包括太阳能集热器、储水箱、循环泵、电控柜和管道。完全依靠太阳能为用户提供热水，按最冷月份和日照条件最差的季节设计系统，并考虑充分的热水蓄存，需设置较大的水箱，初投资大，大多数季节产生过量的热水，造成不必要的浪费。

太阳能热水系统＋辅助热源系统：太阳辐照条件不能满足热水需求时，使用辅助热源予以补充。辅助热源形式有：电加热、燃气加热、热泵热水装置。

其核心部件是太阳能集热器，包括平板型、真空管、聚焦型等多种形式。

① 平板型。太阳辐射穿过透明盖板后，投射在吸热板上，被吸热板吸收并转化成热能，然后传递给吸热板内的传热工质，使传热工质的温度升高，作为集热器的有用能量输出。

② 真空管。真空管是将吸热体与透明盖层之间的空间抽成真空的太阳能集热器。采用了真空夹层，消除了气体的对流与传导热损，并应用选择性吸收涂层，使真空集热管的辐射热损降到最低。

③ 聚焦型。通过采用不同的聚焦器，如槽式聚焦器和塔式聚焦器等，将太阳辐射聚集到较小的集热面上，可获得较高的集热温度。

2.4.2 建筑一体化太阳能热水系统

建筑一体化太阳能热水系统从技术和美学两方面入手，使建筑设计与太阳能技术有机结合，将太阳能集热器与建筑整合设计并实现整体外观的和谐统一。

在建筑设计中，应注意两点：其一，将太阳能热水系统包含的所有内容作为建筑元素加以组合设计；其二，设置太阳能热水系统不应破坏建筑物的整体效果。

（1）建筑一体化太阳能热水系统设计

建筑一体化太阳能热水系统设计需考虑的问题如下。

① 考虑太阳能在建筑中的应用对建筑物的影响，包括建筑物的使用功能、围护结构特性、建筑体形和立面的改变。

② 考虑太阳能利用的系统选择，太阳能产品与建筑形体的有机结合。太阳能部件不能作为孤立部件，而是利用太阳能部件取代某些建筑部件。

（2）建筑一体化太阳能热水系统的主要优点

建筑一体化太阳能热水系统的主要优点如下。

① 建筑的使用功能与太阳能集热器的利用有机结合在一起，形成多功能的建筑构件，巧妙高效地利用空间，使建筑向阳面或屋顶得以充分利用。

② 同步规划设计、同步施工安装，节省太阳能系统的安装成本和建筑成本，一次安装到位，避免后期施工对用户生活造成的不便以及对建筑已有结构的损坏。

③ 综合使用材料，降低了总造价，减轻建筑荷载。

④ 综合考虑建筑结构和太阳能设备协调和谐、构造合理，使太阳能系统和建筑融合为一体，不影响建筑外观。

2.4.3 太阳能光伏系统

太阳能光伏发电系统是利用太阳电池半导体材料的光伏效应，将太阳光辐射能直接转换为电能的一种新型发电系统。

（1）太阳能光伏发电系统的类型

太阳能光伏发电系统有独立运行和并网运行两种方式。

独立运行的光伏发电系统需要有蓄电池作为储能装置，主要用于无电网的边远地区和人口分散地区，整个系统造价很高。

在有公共电网的地区，光伏发电系统与电网连接并网运行，省去蓄电池，不仅可以大幅度降低造价，而且具有更高的发电效率和更好的环保性能。

太阳能光伏组件是能将光能转换成电力的器件。能产生光伏效应的材料有许多种，如：单晶硅、多晶硅、非晶硅、砷化镓、硒铟铜等。它们的发电原理基本相同，都是将光子能量转换成电能的过程。

（2）建筑一体化光伏（BIPV）系统

建筑一体化光伏（BIPV）系统是应用光伏发电的一种新概念，是太阳能光伏与建筑的完美结合。

建筑设计中，在建筑结构外表面铺设光伏组件提供电能，将太阳能发电系统与屋顶、天窗、幕墙等建筑融为一体，优点如下。

① 可以利用闲置的屋顶或阳台，不必单独占用土地。

② 不必配备蓄电池等储能装置，节省了系统投资，避免了维护和更新蓄电池的麻烦。

③ 由于不受蓄电池容量的限制，可以最大限度地发挥太阳电池的发电能力。

④ 分散就地供电，不需要长距离输送电力输配电设备，避免线路损失。

⑤ 使用方便、维护简单，降低成本。

⑥ 夏天用电高峰时正好是太阳辐射强度最大、光伏发电量最大的时候，因此起到对电网调峰的作用。

（3）建筑一体化光伏（BIPV）设计原则

① 美观性。安装方式和安装角度与建筑整体密切配合，保证建筑整体的风格和美观。

② 高效性。为了增加光伏阵列的输出能量，应让光伏组件接受太阳辐射的时间尽可能长，避免周围建筑对光伏组件的遮挡，并且要避免光伏组件之间的相互遮光。

③ 经济性。光伏组件与建筑围护结构相结合，取代常规建材；从光伏组件到接线箱到逆变器再到并网交流配电柜的电力电缆尽可能短。

（4）建筑一体化光伏系统与建筑相结合的形式

① 光伏系统与建筑相结合。将一般的光伏方阵安装在建筑物的屋顶或阳台上，通常其逆变控制器输出端与公共电网并联，共同向建筑物供电，这是光伏系统与建筑相结合的初级形式。

② 光伏组件与建筑相结合。光伏组件与建筑材料融为一体，采用特殊的材料和工艺手段，将光伏组件做成屋顶、外墙、窗户等形式，可以直接作为建筑材料使用，既能发电，又可作为建材，进一步降低成本。但要满足建材性能的要求，如：隔热、绝缘、抗风、防雨、透光、美观，强度、刚度。

2.4.4 被动式太阳能建筑

被动式太阳能建筑是指利用建筑本身作为集热装置，依靠建筑朝向和周围环境的合理布置，内部空间和外部形体的巧妙处理，建筑材料和结构、构造的恰当选择，以自然热交换的方式（传导、对流和辐射）实现对太阳能的收集、储藏、分配和控制，使建筑达到采暖和降温目的的建筑。

（1）被动式太阳能建筑能量的集取与保持

① 建筑朝向的选择与被动式太阳房的外形。设计合理的被动式太阳房，采暖季节，南向房屋受到最多的直射阳光；在夏季，直射阳光最少，充分利用南向窗、墙获得太阳能达到被动式采暖效果。受场地限制，朝向不合理的被动式太阳能建筑，可设计天窗、通风天窗、

二维码5　主被
动式太阳能建筑

通风顶、南向锯齿形屋面、太阳能烟囱，实现自然通风、自然采光。

太阳房外形对保温隔热的影响：

a. 应对阳光不产生自身的遮挡；

b. 体形系数越小，通过表面散失出去的热量越少。

太阳房最佳形态：沿东西向伸展的矩形平面，立面简单，避免凸凹。

② 设置热量保护区。为了充分利用冬季宝贵的太阳能，尽量加大南向日照面积，缩小东、西、北立面面积。

为了保护北向生活用房的温度，常把车库、储藏室、卫生间、厨房等辅助房间附在北面，称为缓冲隔离空间，从而减少北墙散热，这些房间称为太阳房的保护区。

（2）被动式太阳能采暖技术

被动式太阳能采暖技术的3大要素为：集热、蓄热和保温。重质墙（混凝土、石块等）良好的蓄热性能，可以抑制夜间或阴雨天室温的波动。按太阳能利用的方式进行分类，其形式主要有以下几种。

① 直接受益式。这是被动式采暖技术中最简单的一种形式，也是最接近普通房屋的形式。

在冬季，太阳光通过大玻璃窗直接照射到室内的地面、墙壁和家具上，大部分太阳辐射能被其吸收并转换成热量，从而使它们的温度升高；少部分太阳辐射能被反射到室内的其他表面，再次进行太阳辐射能的吸收、反射过程。温度升高后的地面、墙壁和家具，一部分热量以对流和辐射的方式加热室内的空气，以达到采暖的目的；另一部分热量则储存在地板和墙体内，到夜间再逐渐释放出来，使室内继续保持一定的温度。

为了减小房间全天的室温波动，墙体应采用具有较好蓄热性能的重质材料，例如，石块、混凝土、土坯等。另外，窗户应具有较好的密封性能，并配备保温窗帘。

直接受益式太阳房窗墙比的合理选择至关重要。加大窗墙比一方面会使房间的太阳辐射得热增加；另一方面也增加了室内外的热量交换。

《民用建筑节能设计标准》（采暖居住建筑部分）中规定，窗户面积不宜过大，南向窗墙比不宜超过0.35。但这是指室内通过采暖装置维持较高的室温状态时的要求。当主要依靠太阳能采暖，室温相对较低时（约14℃），加大南向窗墙比到0.5左右可获得更好的室内热状态。

② 集热蓄热墙式（Trombe墙）。Trombe墙是当今生态建筑中普遍采用的一项先进技术，被誉为"会呼吸的皮肤"，是以法国设计师Felixtrome（菲列克斯·特洛姆）命名的被动式太阳能在建筑中的利用。它是朝南方向的蓄热墙，在墙外有一个玻璃墙，两者之间有约1in（25.4mm）距离的蓄热墙，厚8～16in（200～400mm）。当太阳光穿透玻璃时，玻璃与墙之间的空气被加热而产生对流，夏日可将热气流释放出去，冬天可引入室内同时墙内蓄热也向室内辐射。

③ 附加阳光间式。附加阳光间实际上就是在房屋主体南面附加的一个玻璃温室。该集热蓄热墙将附加阳光间与房屋主体隔开，墙上一般开设有门、窗或通风口，太阳光通过附加阳光间的玻璃后，投射在房屋主体的集热蓄热墙上。由于温室效应的作用，附加阳光间内的温度总是比室外温度高。

附加阳光间不仅可以给房屋主体提供更多的热量，而且可以作为一个缓冲区，减少房屋主体的热损失。

冬季的白天，当附加阳光间内的温度高于相邻房屋主体的温度时，通过开门、开窗或打开通风口，将附加阳光间内的热量通过对流的方式传入相邻的房间，其余时间则关闭门、窗或通风口。

④ 组合式。集合以上两种或两种以上的优点。

2.4.5 太阳能供暖技术

（1）太阳能供暖系统

晴天状态下，当太阳能循环控制系统检测到太阳能集热板热水温度超过高温储热水箱内5℃时，启动循环水泵进行循环，把太阳能集热板收集的热量带入高温蓄热水箱通过紫铜盘管进行加热，并保温储存，以备使用。

（2）太阳能系统的优势

太阳能供暖系统有如下优点：

① 高效节能。最大效率地利用太阳能量可节约能源成本 40%～60%，运行成本大大降低。

② 绿色环保。采用了太阳能这种洁净绿色能源，避免了矿物质燃料对环境的污染，为用户提供干净舒适的生活空间。

③ 智能控制。系统采用了智能化控制技术，自行控制，最佳经济运行，可设置全天候供应热水，使用非常方便。

④ 使用寿命。集热管道采用铜管激光焊接，聚氨酯发泡保温抗严寒，进口面板钢化处理，可抗击自然灾害，使用寿命在 15 年以上。

⑤ 建筑一体化。可安装在高层阳台、窗下等朝阳的墙面实现建筑一体化，尽享舒适生活。

⑥ 能源互补。阴雨天气使用燃气壁挂炉通过太阳能换热器自动切换，无需人工调节。

⑦ 应用广泛。可应用于高层及多层的住宅、独立别墅、中小型宾馆、洗浴中心、学校等供暖、洗浴场所。

（3）太阳能供暖系统组成

平板太阳能集热器的基本工作原理十分简单。概括地说，阳光透过透明盖板照射到表面涂有吸收层的吸热体上，其中大部分太阳辐射能为吸收体所吸收，转变为热能，并传向流体通道中的工质。

这样，从集热器底部入口进入的冷工质，在流体通道中被太阳能所加热，温度逐渐升高；加热后的热工质，带着有用的热能从集热器的上端出口，蓄入储水箱中待用，即为有用能量收益。

与此同时，由于吸热体温度升高，通过透明盖板和外壳向环境散失热量，构成平板太阳集热器的各种热损失。这就是集热器的基本工作过程。

平板太阳能集热系统组成包括太阳能集热器、储热水箱、连接管路、辅助热源、散热部件、控制系统等。

太阳能集热器常用平板集热器。平板型集热器的工作过程是阳光透过玻璃盖板照射在表面有涂层的吸热板上，吸热板吸收太阳能辐射能量后温度升高。

2.4.6 太阳能制冷技术

（1）定义

太阳能制冷空调，就是将太阳能系统与制冷机组相结合，利用太阳能集热器产生的热量驱动制冷机制冷系统。

（2）基本概念

① 能效比 EER（energy efficiency ratio）。它是在额定工况和规定条件下，空调进行制冷运行时实际制冷量与实际输入功率之比。

这是一个综合性指标，是用来评价机组的能耗指标。它反映了单位输入功率在空调运行过程中转换成的制冷量。空调能效比越大，在制冷量相等时节省的电能就越多。

② 能源品位。能源包括高品位能源和低品位能源。

高品位能源是相对那些不易利用的、易造成浪费的能源而言的，煤、石油、天然气、电力、机械功和液体燃料等属于高品位能源。

低品位能源是相对容易利用的、不易造成浪费的能源而言的。太阳能、地热能、风能、潮汐能、生物能、污水、热能等都属于低品位能源。

③ 热泵。热泵是以消耗一部分高品位能源（机械能、电能或高温热能）为补偿，使热能从低温热源向高温热源传递的装置。

（3）太阳能制冷技术原理

太阳能制冷技术实质上是借助于降低一定量的功的品位，提供品位较低而数量更多的能量。

根据不同的能量转换方式，太阳能驱动制冷主要有以下两种方式：一是先实现光-电转换，再以电力制冷；二是进行光-热转换，再以热能制冷。

① 电转换。电转换是利用光伏转换装置将太阳能转化成电能后，再用于驱动半导体制冷系统或常规压缩式制冷系统实现制冷的方法，即光电半导体制冷和光电压缩式制冷。这种制冷方式的前提是将太阳能转换为电能，其关键是光电转换技术，必须采用光电转换接收器，即光电池，它的工作原理是光伏效应。

太阳能半导体制冷。太阳能半导体制冷是利用太阳能电池产生的电能来供给半导体制冷装置，实现热能传递的特殊制冷方式。半导体制冷的理论基础是固体的热电效应，即当直流电通过两种不同导电材料构成的回路时，结点上将产生吸热或放热现象。如何改进材料的性能，寻找更为理想的材料，成为了太阳能半导体制冷的重要问题。太阳能半导体制冷在国防、科研、医疗卫生等领域广泛地用作电子器件、仪表的冷却器，或用在低温测仪、器械中，或制作小型恒温器等。目前太阳能半导体制冷装置的效率还比较低，COP 值一般为 0.2～0.3，远低于压缩式制冷。

光电压缩式制冷。光电压缩式制冷过程首先利用光伏转换装置将太阳能转化成电能，制冷的过程是常规压缩式制冷。光电压缩式制冷的优点是采用技术成熟且效率高的压缩式制冷技术便可以方便地获取冷量。光电压缩式制冷系统在日照好又缺少电力设施的一些国家和地区已得到应用，如在非洲国家用于生活和药品冷藏。但其成本比常规制冷循环高 3～4 倍。随着光伏转换装置效率的提高和成本的降低，光电式太阳能制冷产品将有广阔的发展前景。

② 热转换。太阳能光热转换制冷，首先是将太阳能转换成热能，再利用热能作为外界补偿来实现制冷目的。光-热转换实现制冷主要从以下几个方向进行，即太阳能吸收式制冷、太阳能吸附式制冷、太阳能除湿制冷、太阳能蒸汽压缩式制冷和太阳能蒸汽喷射式制冷。其中太阳能吸收式制冷已经进入了应用阶段，而太阳能吸附式制冷还处在试验研究阶段。

太阳能吸收式制冷的研究。太阳能吸收式制冷的研究最接近于实用化，其最常规的配置是：采用集热器来收集太阳能，用来驱动单效、双效或双级吸收式制冷机，工质对主要采用溴化锂-水，当太阳能不足时可采用燃油或燃煤锅炉来进行辅助加热。系统主要构成与普通的吸收式制冷系统基本相同，唯一的区别就是在发生器处的热源是太阳能而不是通常的锅炉加热产生的高温蒸汽、热水或高温废气等热源。

太阳能吸附式制冷。太阳能吸附式制冷系统的制冷原理是利用吸附床中的固体吸附剂对制冷剂的周期性吸附、解吸附过程实现制冷循环。太阳能吸附式制冷系统主要由太阳能吸附集热器、冷凝器、储液器、蒸发器、阀门等组成。常用的吸附剂对制冷剂工质对有活性炭-甲醇、活性炭-氨、氯化钙-氨、硅胶-水、金属氢化物-氢等。太阳能吸附式制冷具有系统结构简单、无运动部件、噪声小、无须考虑腐蚀等优点，而且它的造价和运行费用都比较低。

2.4.7 地源热泵技术

（1）定义

地源热泵是利用地球表面浅层水源（如地下水、河流和湖泊）和土壤源中吸收的太阳能和地热能，并采用热泵原理，既可供热又可制冷的高效节能空调系统。

地源热泵通过输入少量的高品位能源（如电能），实现低温位热能向高温位转移。地能分别在冬季作为热泵供暖的热源和在夏季作为空调的冷源，即在冬季，把地能中的热量"取"出来，提高温度后，供给室内采暖；夏季，把室内的热量"取"出来，释放到地下去。通常地源热泵消耗 1kW 的能量，用户可以得到 4kW 以上的热量或冷量。

（2）热泵机组装置

热泵机组装置主要由压缩机、冷凝器、蒸发器和膨胀阀四部分组成，通过让液态工质（制冷剂或冷却介质）不断完成"蒸发（吸取环境中的热量）→压缩→冷凝（放出热量）→节流→再蒸发"的热力循环过程，从而将环境里的热量转移到水中。

① 压缩机。它起着压缩和输送循环工质从低温低压处到高温高压处的作用，是热泵（制冷）系统的心脏。

② 蒸发器。它是输出冷量的设备，制冷剂在蒸发器里蒸发吸热，以吸收被冷却物体的热量，达到制冷的目的。

③ 冷凝器。它是输出热量的设备，从蒸发器中吸收的热量连同压缩机消耗功所转化的热量在冷凝器中被冷却介质带走，达到制热的目的。

④ 膨胀阀或节流阀。它对循环工质起到节流降压作用，并调节进入蒸发器的循环工质流量。

（3）地源热泵的可再生性

地源热泵是一种利用地球所储藏的太阳能资源作为冷热源，进行能量转换的供暖制冷空调系统。地源热泵利用的是清洁的可再生能源。

地表土壤和水体是一个巨大的太阳能集热器，收集了 47% 的太阳辐射能量，比人类每年利用的 500 倍还多（地下的水体是通过土壤间接地接收太阳辐射能量）。

它又是一个巨大的动态能量平衡系统，地表的土壤和水体自然地保持能量接收和发散相对的平衡，地源热泵技术的成功使得利用储存于其中的近乎无限的太阳能或地能成为现实。

（4）地源热泵的局限性

① 对地下水体生物的破坏。

② 回灌问题。

③ 冬夏季平衡问题。

2.4.8 污水源热泵技术

（1）污水源热泵的概念

污水源热泵是指从城市污水或工业污等低品位热源中提取热量，转换成高品位清洁能源，向用户供冷或供热的热泵系统。

污水源热泵是利用城市污水量大、水质稳定、常年温度变化小等特点，以污水作为热源进行制冷、制热循环的一种装置。

（2）污水源热泵的技术特点

① 温度为 10～26℃、分布面广（城镇地下空间）。

② 污水源热泵采暖空调既节能又环保。

③ 每吨污水可贡献 2kg 煤的热值，少向大气排放二氧化碳 6kg。

④ 全国污水量巨大（每年约 720 亿吨）。

全面开发利用可为近 20％的建筑物采暖空调。将成为城镇可再生、清洁能源采暖的重要方式。

（3）污水源热泵的优点

① 污水源热泵是利用污水处理厂出水量大、水质稳定、常年温度为 13～25℃等特点，以污水作为热源进行制冷、制热循环的一种空调装置。污水源热泵具有热量输出稳定、能效比高、换热效果好、机组结构紧凑等优点，是实现污水资源化的有效途径。

② 污水源热泵比燃煤锅炉环保，污染物的排放比空气源热泵减少 40％以上，比电供热减少 70％以上。它节省能源，比电锅炉加热节省 2/3 以上的电能，比燃煤锅炉节省 1/2 以上的燃料。污水源热泵的运行费用仅为普通中央空调的 50％～60％。

2.5 绿色建筑节能与能源利用评价标准

学习目标

掌握绿色建筑节能与能源利用评价标准。

2.5.1 控制项

① 建筑设计应符合国家现行有关建筑节能设计标准中强制性条文的规定。

② 不应采用电直接加热设备作为供暖空调系统的供暖热源和空气加湿热源。

③ 冷热源、输配系统和照明等各部分能耗应进行独立分项计量。

④ 各房间或场所的照明功率密度值不得高于现行国家标准《建筑照明设计标准》（GB 50034）中的现行值规定。

2.5.2 评分项

（1）建筑与围护结构

① 结合场地自然条件，对建筑的体形、朝向、楼距、窗墙比等进行优化设计，评价分值为 6 分。

② 外窗、玻璃幕墙的可开启部分能使建筑获得良好的通风，评价总分值为 6 分，并按下列规则评分。

a. 设玻璃幕墙且不设外窗的建筑，其玻璃幕墙透明部分可开启面积比例达到 5％，得 4 分；达到 10％，得 6 分。

b. 设外窗且不设玻璃幕墙的建筑，外窗可开启面积比例达到 30％，得 4 分；达到 35％，得 6 分。

二维码 6　隔热计算

二维码 7　结露计算

c. 设玻璃幕墙和外窗的建筑，对其玻璃幕墙透明部分和外窗分别按上述内容进行评价，得分取两项得分的平均值。

③ 围护结构热工性能指标优于国家现行有关建筑节能设计标准的规定，评分总分值为 10 分，并按下列规则评分：

a. 围护结构热工性能比国家现行有关建筑节能设计标准规定的提高幅度达到 5%，得 5 分；达到 10%，得 10 分。

b. 供暖空调全年计算负荷降低幅度达到 5%，得 5 分；达到 10%，得 10 分。

（2）供暖、通风与空调

① 供暖空调系统的冷、热源机组能效均优于现行国家标准《公共建筑节能设计标准》（GB 50189）的规定以及现行有关国家标准能效限定值的要求，评价分值为 6 分。对电机驱动的蒸气压缩循环冷水（热泵）机组，直燃型和蒸汽型溴化锂吸收式冷（温）水机组，单元式空气调节机、风管送风式和屋顶式空调机组，多联式空调（热泵）机组，燃煤、燃油和燃气锅炉，其能效指标比现行国家标准《公共建筑节能设计标准》（GB 50189）规定值的提高或降低幅度满足表 2.7 的要求；对房间空气调节器和家用燃气热水炉，其能效等级满足现行有关国家标准的节能评价值要求。

表 2.7　冷、热源机组能效指标比现行国家标准《公共建筑节能设计标准》
（GB 50189）的提高或降低幅度

机组类型		能效指标	提高或降低幅度
电机驱动的蒸气压缩循环冷水（热泵）机组		制冷性能系数（COP）	高 6%
溴化锂吸收式冷水机组	直燃型	制冷、供热性能系数（COP）	高 6%
	蒸汽型	单位制冷量蒸汽耗量	高 6%
单元式空气调节机、风管送风式和屋顶式空调机组		能效比（EER）	高 6%
多联式空调（热泵）机组		制冷综合性能系数[IPLV(C)]	高 8%
锅炉	燃煤	热效率	高 3 个百分点
	燃油燃气	热效率	高 2 个百分点

② 集中供暖系统热水循环泵的耗电输热比和通风空调系统风机的单位风量耗功率符合现行国家标准《公共建筑节能设计标准》（GB 50189）等的有关规定，且空调冷热水系统循环水泵的耗电输冷（热）比比现行国家标准《民用建筑供暖通风与空气调节设计规范》（GB 50736）规定值低 20%，评价分值为 6 分。

③ 合理选择和优化供暖、通风与空调系统，评价总分值为 10 分，根据系统能耗的降低幅度按表 2.8 所示的规则评分。

表 2.8　供暖、通风与空调系统能耗降低幅度评分规则

供暖、通风与空调系统能耗降低幅度 D_e	得分
$5\% \leqslant D_e < 10\%$	3
$10\% \leqslant D_e < 15\%$	7
$D_e \geqslant 15\%$	10

④ 采取措施降低过渡季节供暖、通风与空调系统能耗，评价分值为 6 分。

⑤ 采取措施降低部分负荷、部分空间使用下的供暖、通风与空调系统能耗，评价总分值为 9 分，按下列规则分别评分并累计：

a. 区分房间的朝向，细分供暖、空调区域，对系统进行分区控制，得 3 分；

b. 合理选配空调冷、热源机组台数与容量，制定实施根据负荷变化调节制冷（热）量的控制策略，且空调冷源的部分负荷性能符合现行国家标准《公共建筑节能设计标准》（GB 50189）的规定，得 3 分；

c. 水系统、风系统采用变频技术，且采取相应的水力平衡措施，得 3 分。

二维码 8　集中供暖系统耗电输热比计算及空调系统耗电输冷（热）比计算

（3）照明与电气

① 走廊、楼梯间、门厅、大堂、大空间、地下停车场等场所的照明系统采取分区、定时、感应等节能控制措施，评价分值为 5 分。

② 照明功率密度值达到现行国家标准《建筑照明设计标准》（GB 50034）中的目标值规定，评价总分值为 8 分。主要功能房间满足要求，得 4 分；所有区域均满足要求，得 8 分。

③ 合理选用电梯和自动扶梯，并采取电梯群控、扶梯自动启停等节能控制措施，评价分值为 3 分。

④ 合理选用节能型电气设备，评价总分值为 5 分，按下列规则分别评分并累计：

a. 三相配电变压器满足现行国家标准《三相配电变压器能效限定值及能效等级》（GB 20052）的节能评价值要求，得 3 分；

b. 水泵、风机等设备及其他电气装置满足相关现行国家标准的节能评价值要求，得 2 分。

（4）能量综合利用

① 排风能量回收系统设计合理并运行可靠，评价分值为 3 分。

② 合理采用蓄冷蓄热系统，评价分值为 3 分。

③ 合理利用余热废热解决建筑的蒸汽、供暖或生活热水需求，评价分值为 4 分。

④ 根据当地气候和自然资源条件，合理利用可再生能源，评价总分值为 10 分，按表 2.9 所示的规则评分。

表 2.9　可再生能源利用评分规则

可再生能源利用类型和指标		得分
由可再生能源提供的生活用热水比例 R_{hw}	$20\% \leqslant R_{hw} < 30\%$	2
	$30\% \leqslant R_{hw} < 40\%$	3
	$40\% \leqslant R_{hw} < 50\%$	4
	$50\% \leqslant R_{hw} < 60\%$	5
	$60\% \leqslant R_{hw} < 70\%$	6
	$70\% \leqslant R_{hw} < 80\%$	7
	$80\% \leqslant R_{hw} < 90\%$	8
	$90\% \leqslant R_{hw} < 100\%$	9
	$R_{hw} = 100\%$	10

续表

可再生能源利用类型和指标		得分
由可再生能源提供的空调用冷量和热量比例 R_{ch}	$20\% \leqslant R_{ch} < 30\%$	4
	$30\% \leqslant R_{ch} < 40\%$	5
	$40\% \leqslant R_{ch} < 50\%$	6
	$50\% \leqslant R_{ch} < 60\%$	7
	$60\% \leqslant R_{ch} < 70\%$	8
	$70\% \leqslant R_{ch} < 80\%$	9
	$R_{ch} \geqslant 80\%$	10
由可再生能源提供的电量比例 R_e	$1.0\% \leqslant R_e < 1.5\%$	4
	$1.5\% \leqslant R_e < 2.0\%$	5
	$2.0\% \leqslant R_e < 2.5\%$	6
	$2.5\% \leqslant R_e < 3.0\%$	7
	$3.0\% \leqslant R_e < 3.5\%$	8
	$3.5\% \leqslant R_e < 4.0\%$	9
	$R_e \geqslant 4.0\%$	10

项目实训

（1）实训内容

进行建筑节能工程的设计实训（指导教师选择一个真实的工程项目或学校实训场地，带学生实训操作），熟悉建筑节能工程的基本知识，从选材、构造、热工计算、节能综合分析等方面进行全过程模拟训练，熟悉建筑节能工程技术要点和国家相应的规范要求。

（2）实训目的

通过课堂学习结合课下实训使学生熟练掌握建筑外墙、门窗和幕墙、屋面、地面等围护结构的节能技术和国家相应的规范要求，提高学生进行建筑节能工程技术应用的综合能力。

（3）实训要点

二维码9　太阳能生活热水计算

① 让学生通过对建筑节能工程技术的运行与实训，加深对建筑节能工程国家标准的理解，掌握在建筑节能工程设计和工艺要点，进一步加强对专业知识的理解。

② 分组制订计划与实施。培养学生团队协作的能力，掌握建筑节能工程技术和获取经验。

（4）实训过程

① 实训准备要求

a. 做好实训前相关资料查阅，熟悉建筑节能工程有关的规范要求。

b. 准备实训所需的工具与材料。

② 实训要点

a. 实训前做好交底。

b. 制订实训计划。

c. 分小组进行，小组内部分工合作。

③ 实训操作步骤

a. 按照地方建筑节能要求，选择建筑节能工程技术方案。

b. 进行建筑节能方案设计，进行建筑热工计算。

c. 进行建筑节能施工图设计。

d. 做好实训记录和相关技术资料整理。

e. 进行小组互评和最终评定。

④ 教师指导点评和疑难解答。

⑤ 实地观摩。

⑥ 进行总结。

（5）实训项目基本步骤表

步骤	教师行为	学生行为
1	交代工作任务背景,引出实训项目	①分好小组 ②准备实训工具、材料和场地
2	布置建筑节能工程实训应做的准备工作	
3	使学生明确建筑节能工程设计实训的步骤	
4	学生分组进行实训操作,教师巡回指导	完成建筑节能工程实训全过程
5	结束指导点评实训成果	自我评价或小组评价
6	实训总结	小组总结并进行经验分享

（6）实训小结

项目：		指导老师：
项目技能	技能达标分项	备注
建筑节能工程设计	①方案完善　　得 0.5 分 ②准备工作完善　得 0.5 分 ③设计过程准确　得 1.5 分 ④设计图纸合格　得 1.5 分 ⑤分工合作合理　得 1 分	根据职业岗位所需、技能需求,学生可以补充完善达标项
自我评价	对照达标分项　得 3 分为达标 对照达标分项　得 4 分为良好 对照达标分项　得 5 分为优秀	客观评价
评议	各小组间互相评价 取长补短,共同进步	提供优秀作品观摩学习

自我评价＿＿＿＿＿＿＿＿＿＿　　　　个人签名＿＿＿＿＿＿＿＿＿＿

小组评价　达标率＿＿＿＿＿＿＿　　　组长签名＿＿＿＿＿＿＿＿

　　　　　良好率＿＿＿＿＿＿＿

　　　　　优秀率＿＿＿＿＿＿＿

　　　　　　　　　　　　　　　　　　　　　　　年　　月　　日

小 结

建筑节能，在发达国家最初为减少建筑中能量的散失，普遍称为"提高建筑中的能源利用率"，在保证提高建筑舒适性的条件下，合理使用能源，不断提高能源利用效率。全面的建筑节能，就是建筑全寿命过程中每一个环节节能的总和。

建筑围护结构是由包围空间或将室内与室外隔离开来的结构材料和表面装饰材料所构成

的，包括屋面、墙、门、窗和地面。围护结构需平衡通风、日照需求，提供适应于建筑所在地点气候特征的热湿保护。

优秀的建筑能源系统包括冷热电联产技术、空调蓄冷技术和能源回收技术等。

可再生能源建筑应用技术主要包括太阳能光热利用、太阳能光伏发电、被动式太阳房、太阳能采暖、太阳能空调、地源热泵、污水源热泵等技术。

绿色建筑节能与能源利用评价标准包括控制项和评分项。

习 题

1. 什么是建筑节能？建筑节能具有哪些涵义？
2. 什么是建筑节能检测？
3. 我国建筑节能存在哪些问题？
4. 墙体（材料）节能技术及设备有哪些？
5. 门窗节能技术及设备有哪些？
6. 屋面节能技术及设备有哪些？
7. 何谓冷热电联产技术？有哪些类型？
8. 何谓空调蓄冷技术？有哪些特点？
9. 何谓建筑能源回收技术？有何效果？
10. 何谓太阳能热水系统？有哪些形式？
11. 何谓太阳能光伏系统？有哪些类型？
12. 什么是被动式太阳能建筑？有什么形式？
13. 什么是地源热泵技术？热泵机组装置有哪些？
14. 什么是污水源热泵技术？有什么技术特点？
15. 绿色建筑节能与能源利用评价标准包括哪些内容？

3

节地与室外环境

内容提要

　　本单元以建筑节地为对象，主要讲述建筑物选址和节地措施、室外气候及城市微气候、节地与室外环境评价标准等内容，并在实训环节提供建筑节地专项技术实训项目，作为本教学单元的实践训练项目，以供学生训练和提高。

技能目标

　　• 通过对建筑物选址和节地措施的学习，巩固已学的相关建筑节地的基本知识，掌握场地选址的基本要求、绿色建筑节地措施。

　　• 通过对室外气候及城市微气候的学习，要求学生掌握室外气候、城市微气候的概念、特点、成因和对建筑设计的影响等内容。

　　• 通过对绿色建筑节地与室外环境评价标准的学习，要求学生掌握绿色建筑节地的评价标准。

　　本单元是为了全面训练学生对建筑节地与室外环境的掌握能力，检查学生对建筑节地与室外环境内容知识的理解和运用程度而设置的。

项目导入

　　在城镇化过程中，要通过合理布局，提高土地利用的集约和节约程度。重点是统筹城乡空间布局，实现城乡建设用地总量的合理发展、基本稳定、有效控制；加强村镇规划建设管理，制定各项配套措施和政策，鼓励、支持和引导农民相对集中建房，节约用地。

3.1 建筑物选址及节地措施

学习目标

　　了解建筑场地选址的基本要求，掌握绿色建筑节地措施。

　　我国正处在加快推进城市化、现代化发展的重要历史时期，面对我国人多地少、土地资源稀缺的基本国情，促进节约集约利用土地资源、提升土地资源对经济社会发展的承载能力和利用效益是保障和促进经济社会可持续发展的重要途径。面对当前形势，绿色建筑的建设应按照节约集约用地的原则，在满足功能使用、安全要求的前提下，尽可能减少新征（占）建设用地、充分利用闲置地和工业废弃地、提高土地利用效率，从而有效节约城市建设用地。同时，在节约用地的前提下，绿色建筑还应营造良好的室外环境，与室内环境一起为人们提供高品质的人居环境。因此，节地与室外环境作为绿色建筑的重要内涵，成为绿色建筑评价体系的主要组成部分之一。

3.1.1　场地选址

合理选择建设用地，避免建设用地周边环境对建设项目可能产生的不良影响，同时减少建设用地选址给周边环境造成的负面影响。

在满足国家和地方对于土地开发与规划选址相关的法律条文、标准、规程、规范的基础上，综合考虑土地资源、防灾减灾、环境污染、文物保护、现有设施利用等多方面因素，确定建设选址计划，体现可持续发展的原则，达到规划、建筑与环境有机地结合。

建设项目的选址、规划与建设必须符合城乡规划，符合相关建设控制要求。

生态保护红线是指为维护城市或区域生态安全和可持续发展，划定的需要实施严格保护的区域。任何建设项目的选址必须满足国家生态保护红线和城市生态保护红线的划定和管理要求。

各类保护区是指受到国家法律法规保护、划定有明确的保护范围、制定有相应的保护措施的各类政策区，主要包括：基本农田保护区（《基本农田保护条例》）、风景名胜区（《风景名胜区条例》）、自然保护区（《自然保护区条例》）、历史文化名城名镇名村（《历史文化名城名镇名村保护条例》）、历史文化街区（《城市紫线管理办法》）等。

文物古迹是指人类在历史上创造的具有价值的不可移动的实物遗存，包括地面与地下的古遗址、古建筑、古墓葬、石窟寺、古碑石刻、近代代表性建筑、革命纪念建筑等，主要指文物保护单位、保护建筑和历史建筑。

场地选址的基本要求：

① 所选的场址能推动城市建设和城市发展。

② 保证场址环境的安全可靠，确保对自然灾害有充分的抵御能力。

③ 保护耕地、林地及生态湿地，合理利用土地资源。

④ 充分发挥建设场址周围水系在提高环境景观品位、调节局地气候、营造动植物生存环境的作用，尽可能减少对场址及周边环境自然地貌的改变。

⑤ 尽量减少对场址及周边环境生态系统的改变。

⑥ 避免将建筑建设在有污染的区域，保证场地的环境质量。

⑦ 有效地利用建设用地内及周边的现有交通设施和市政基础设施，减少交通和市政基础设施建设投入。

3.1.2　绿色建筑场地设计

（1）场地设计充分保护原有生态环境

建设项目应对场地可利用的自然资源进行勘查，充分利用原有地形地貌，尽量减少土石方工程量。

保护场地内原有的自然水域，是为了避免对水系的改变和破坏，影响生态环境。湿地一般是指常年有浅层积水或土壤过湿的的区域。水域和湿地不仅承载着水体循环、水土保持、储水调洪、水质涵养、维护大气成分稳定的功能，而且能调节温湿度、净化空气、吸尘减噪、改善小气候，有效调节生态环境，增加自然环境容重，促使环境可持续健康地发展。

保护场地内植被，不应砍伐大型乔木，移植树木应有完整记录。对于场地内的古树名木更应重点保护，不得擅自移植、砍伐、转让买卖。从历史文化角度看，古树名木被称为"活文物""活化石"，蕴藏着丰富的政治、历史、人文资源，是一座城市、一个地方文化程度的标志；从经济角度看，古树名木是我国森林和旅游的重要资源，对发展旅游经济具有重要的文化和经济价值；从植物生态角度看，古树名木为珍贵树木、珍稀和濒危植物，在维护生物多样性、生态平衡和环境保护中有着不可替代的作用。

在建设过程中确需改造场地内的地形、地貌、水体、植被等时，应在工程结束后及时采取生态复原措施，减少对原场地环境的改变和破坏。

表层土含有丰富的有机质、矿物质和微量元素，适合植物和微生物的生长，场地表层土的保护和回收利用是土壤资源保护、维持生物多样性的重要方法之一。除此以外，生态恢复或补偿措施还可包括对土壤进行生态处理、对污染水体进行净化和循环、对植被进行生态设计以恢复场地原有动植物生存环境等措施，以使场地的生态体系恢复到或接近场地建设之前的状态，并形成良好的持续的生态循环系统。

（2）充分利用场地空间合理设置绿色雨水基础设施

场地开发应遵循低影响开发原则，参照住房与城乡建设部颁布的《海绵城市建设技术指南——低影响开发雨水系统构建（试行）》，合理利用场地空间设置绿色雨水基础设施。场地雨水综合利用方案或雨水专项规划设计应根据项目不同的功能、特点，结合项目场地在雨水利用中的关注点，综合考虑后确定项目的雨水利用技术路线。同时在雨水综合利用方案或规划设计中还应绘制雨水系统的竖向图，以明确雨水利用的系统性及可实施性。

绿色雨水基础设施有雨水花园、下凹式绿地、屋顶绿化、植草沟、生物滞留设施、蓄水塘、渗透塘、调节塘、雨水湿地、透水铺装及多功能调蓄设施等。绿色雨水基础设施有别于传统的灰色雨水设施（雨水口、雨水管道等），能够以自然的方式控制城市雨水径流、减少城市洪涝灾害、控制径流污染、保护水环境。

（3）合理规划地表与屋面雨水径流，对场地雨水实施外排总量控制

场地设计应合理评估和预测场地可能存在的水涝风险，尽量使场地雨水就地消纳或利用，防止径流外排到其他区域形成水涝和污染。径流总量控制同时包括雨水的减排和利用，实施过程中减排和利用的比例需依据场地的实际情况，通过合理的技术经济比较，来确定最优方案。我国北方多为严重缺水城市，地下水超采严重，地下水位连年下降，因此在径流总量控制措施中，应优先考虑采用雨水下渗减排和资源化利用。雨水入渗时应严格控制水体质量，防止浅层地下水被污染。

（4）合理选择绿化方式，科学配置绿化植物

绿化是城市环境建设的重要内容。大面积的草坪不但维护费用昂贵，其生态效益也远远小于灌木、乔木。因此，采用复层绿化方式，合理搭配乔木、灌木和草坪，形成高中低组合的绿化空间形态，增强垂直生态过程的联系性和稳定性，提高绿地的空间利用率并增加绿量，使有限的绿地发挥更大的生态效益和景观效益。《绿地节水技术规范》（DB11/T 1297—2015）中对节水植物配置提出要求，即种植设计宜根据立地条件优先选择使用生物学特性优良的乡土植物和节水耐旱的园林观赏植物，宜控制冷季型草坪配置比例，使其面积比例不高于绿地面积的30％。

植物配置应充分体现本地植物资源的特点，选用乡土植物。乡土植物指的是原产于本地区或通过长期引种、栽培和繁殖，被证明已经完全适应本地区的气候和环境、生长良好的植物。乡土植物对当地来说是最适宜生长的，也是体现当地特色的主要因素，应作为绿化植物选用的主要来源。

3.1.3 绿色建筑节地措施

（1）节地措施

① 建造多层、高层建筑、提高建筑容积率。公共建筑要适当提高建筑密度。居住建筑

要在符合健康卫生和节能及采光标准的前提下合理确定建筑密度和容积率。

a. 建筑用地必须获得城乡规划管理部门的批准；

b. 避免过低的建筑密度、容积率；

c. 避免过大的户型面积，以建设小户型住宅为主，降低大户型住宅比例；

d. 准确计算各项综合技术经济指标。

② 利用地下空间，增加城市容量，改善城市环境。要深入开发利用城市地下空间，实现城市的集约用地。

对于地下空间的利用应关注以下内容：

a. 对地下空间利用的合理性进行分析；

b. 提高地下空间建筑面积与建筑基底面积之比；

c. 在条件允许的情况下，充分考虑地下空间多功能利用的可能性，包括停车库、商业用房、服务用房、设备用房等，并在建筑荷载、空间高度、水、电、空调通风等配套上考虑预留适当的条件；

d. 利用地下空间应结合实际情况，处理好地下室入口与地面的有机联系，以及通风、防火及防渗漏等问题。

对于地下空间利用的合理性，还应考虑以下因素：

a. 开发地下空间的必要性因城市不同区位的土地价值不同而有所差异；

b. 有些地区的地质条件不利，地下空间开发会增加很多投资并带来安全隐患；

c. 高层建筑一般具备利用地下空间的条件，而多层和低层建筑利用地下空间的经济成本较高；

d. 不同使用功能的建筑，其地下空间的功能通常有所不同。

③ 旧区改造为绿色居住区。由于历史的种种原因，老居住区绿地普遍存在着"绿化面积少、布局不合理"的问题。拆除原有附属用房、拆房还绿。因地制宜，合理利用周边环境。对原有以水体为主的地形地貌加以改造后建公园、绿地等。

a. 居住建筑的绿化用地在满足地区建设工程规划设计要求及相关标准规定的基础上，尽可能增加绿化用地面积和公共绿地面积，并通过优化空间环境，提供户外交往空间和活动空间，提高住区生活质量。

b. 公共建筑设置更多的绿化用地或绿化广场，创造更加宜人的公共空间，鼓励设置休憩、娱乐等设施并可定时向社会公众免费开放，以提供更多的公共活动空间。

c. 结合日照模拟报告，在设计中明确绿地和符合日照要求的公共绿地范围，并计算相应指标。

④ 褐地开发。褐地是指因含有或可能含有危害性物质、污染物或致污物而使得扩张、再开发或再利用变得复杂的不动产。包括因污染或可能受污染的废弃、闲置工业用地。利用褐地发展风能、太阳能及生物能等可再生能源工业项目是目前发展重点之一。

⑤ 开发节地建筑材料。发展工业废料、建筑垃圾生产砌块等墙体材料，进一步减少黏土砖生产对耕地的占用和破坏。

（2）高层建筑与节地

高层建筑适地性与节地性研究对于我国城市建设、人口及土地资源利用、高层建筑的现在和未来、国民经济发展和人类生存环境有着一定的意义。相对于一般多层建筑，高层建筑有其自身的许多优势。超高层建筑节地实例如下：

① 巨构建筑——索勒瑞的构想。1960 年，建筑师保罗·索勒瑞（Polo Soleri）将生态学（Ecology）和建筑学（Architecture）两词合并为 Arcology，创立了生态建筑学。生态建筑学所要研究的基本内容是在人与自然协调发展的原则下，运用生态学原理和方法，协调

人、建筑与自然环境间的关系，寻求创造生态建筑环境的途径和设计方法。"生态型建筑"的概念则更为宽广，是泛指一切在生态设计理念指导下的建筑形态，它们或是运用生态建筑理论，或是利用相关技术，或是借用其他学科的理论与实践成果。从生态建筑到生态型建筑，是概念外延拓展的过程。生态型建筑就其本质来说是一种建筑。为人类营造适宜的使用空间是其首要目的，其次才是以因利乘便或因势利导的方式去实现生态的目标。

巨构建筑事实上是一个城市原型，从外形上看是一个具有 1000m 高度的塔状建筑综合体，总占地面积约 1km²。城市的居住区布置在综合体的表层，公共建筑则集中在综合体的裙房。所有的城市功能紧密相连，以期把资源的消耗降到最低。巨构建筑还考虑了能源利用的效率以及新能源的开发，降低了对常规能源的依赖。

巨构建筑地段选择：洛杉矶和拉斯维加斯之间的莫吉夫沙漠。

工程概况：高约 1000m，周围环绕着两组集中式的名为室外会场的裙房，可提供 1044 万平方米的使用面积，可容纳 10 万永久居民。

比较：洛杉矶市区面积 33km²，容纳了 100100 人，一座巨构建筑仅占用 1km² 的土地，也容纳了 10 万人。

② 福斯特等人的"千年塔"。"千年塔"是由福斯特建筑事务所在 1989 年最早提出的，用以解决东京开发用地短缺和人口过剩问题。按计划，千年塔（Millennium Tower）将建在距东京湾 1.2mile（1mile＝1609.344m）处的海岸边，有 170 层楼那么高，占地面积为 0.4mile²，可用于商业和居住。千年塔可以容纳 6 万人，有一条高速地铁网，每次载客量为 160 人，保证当地居民正常出行。千年塔每隔 13 层都设有一个交通中转站，公交系统连接这些交通枢纽，乘客可在这些中转站上下车，或转乘电梯和移动人行道。千年塔的风力涡轮机和安装在上层的太阳能电池板可以为整栋建筑提供可持续能源，是目前提出的最环保的理想城市设计方案之一。

3.2 室外气候及城市微气候

学习目标

了解室外气候的基本概念、涵义，掌握城市微气候的概念和成因。

3.2.1 室外温度

（1）定义

室外温度是指室外距地面 1.5m 高、背阴处的空气温度。

（2）影响气温的主要因素

① 入射到地面的太阳辐射热量。

② 地面的覆盖面及地形对气温的影响。

③ 大气的对流作用对气温的影响。

（3）气温有日变化和年变化

① 气温的日变化。一天中最高气温一般出现在下午 2：00～3：00，最低气温一般出现在凌晨 4：00～5：00，如图 3.1 所示。一天当中，气温的最高值和最低值之差称为气温的日较差。

② 气温的年变化。一年中，最热月与最冷月的平均气温差称为气温的年较差。气温年较差的影响因素有地理纬度、海陆分布等。年平均温度向高纬度地区每移动 200～300km 会

图 3.1　日气温变化图

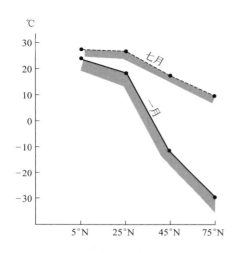

图 3.2　气温年较差与纬度的关系

降低 1℃。气温年较差与纬度的关系如图 3.2 所示。

（4）气温与建筑物的关系

气温高的地方，往往墙壁较薄，房间也较大，反之则墙壁较厚，房间较小。曾有人通过调查西欧各地的墙壁厚度发现，英国南部、荷兰、比利时墙壁厚度平均为 23cm；德国西部、德国东部为 38cm；波兰、立陶宛为 50cm；俄罗斯则超过 63cm，也就是越靠海，墙壁越薄，反之墙壁越厚。这是因为欧洲西部受强大的北大西洋暖流影响，冬季气温在 0℃ 以上，而越往东则气温越低，莫斯科最低气温达 -42℃。我国西北阿勒泰地区冬季漫长严寒，这里房子外观看上去很大，可房间却很紧凑，原来这种房屋的墙壁厚达 83cm，有的人家还在墙壁里填满干畜粪，长期慢燃，用以取暖。我国北方农村住宅一般都有火炕、地炉或火墙，北方城市冬季多用燃煤供暖。近年来大多已改用暖气管道或热水管道采暖。

有些地方为了抵御寒冷，将房子建成半地穴式，我国东北古代肃慎人就住这种房子，赫哲族人一直到新中国成立前还住着地窨子。一些气温高的地方，也选择了这种类型的地窨子，如我国"高温冠军"吐鲁番几乎家家户户都有一间半地下室，是用来暑季纳凉的，据测量在土墙厚度 80cm 的房屋内的温度如果为 38℃，那么半地下室里的温度只有 26℃ 左右。我国陕北窑洞兼有冬暖夏凉的功能，夏天由于窑洞深埋地下，泥土是热的不良导体，灼热阳光不能直接照射里面，洞外如果 38℃，洞里则只有 25℃，晚上还要盖棉被才能睡觉；冬天却又起到了保温御寒的作用，朝南的窗户又可以使阳光盈满室内。气温高的地方，往往将房屋隐于林木之中，夏天绿地比非绿地，要低 4℃ 左右，在阳光照射下建筑物只能吸收 10% 的热量，而树林却能吸收 50% 的热量。我国云南省元阳县境内有一种特殊的房顶——水顶，平平的屋顶上又多了一汪水面，屋外阳光热辣，屋里却十分荫凉。

3.2.2　湿空气及空气湿度

（1）湿空气

含有水蒸气的空气称为湿空气（在暖通空调应用中可视为理想气体混合物）。完全不含水蒸气的空气称为干空气。

（2）饱和湿空气和未饱和湿空气

干空气和饱和水蒸气组成的湿空气称为饱和湿空气。干空气和过热水蒸气组成的湿空气称为未饱和湿空气。

（3）露点

未饱和的湿空气内水蒸气的含量保持不变，即分压力 p_v 保持不变而温度逐渐降低直至饱和状态，这时的温度即为对应于 p_v 的饱和温度，称为露点。

（4）空气湿度

空气湿度指空气中水蒸气的含量，可用含湿量和相对湿度来表示。

① 含湿量。1kg 干空气所带有的水蒸气的质量为含湿量，常以 d 表示，单位 kg（水蒸气）/kg。

② 相对湿度（饱和度）。湿空气中的水蒸气分压力 p_v，与同一温度、同样总压力的饱和湿空气中水蒸气分压力 p_s 的比值称为相对湿度，以 ϕ 表示。

③ 湿度的日变化及影响因素。相对湿度与气温变化反向，如图 3.3 所示。

图 3.3　相对湿度与气温变化示意图

空气湿度影响因素包括地面性质、水体分布、季节、阴晴等。

空气湿度的年变化跟当地的气候条件相关。北京与广州的空气湿度的年变化如图 3.4 所示。

图 3.4　北京、广州相对湿度年变化

（5）空气湿度与建筑物的关系

在建筑物理中露点是一个非常重要的量。假如一座建筑内的温度不一样的话，那么从高温部分流入低温部分的潮湿的空气中的水就可能凝结。在这些地方可能会发霉，在建筑设计时必须考虑到这样的现象。此外相对湿度是衡量建筑室内热环境的一个重要指标，建筑物理把在人体的主观热感觉处于中性时，风速不大于 0.15m/s、相对湿度为 50％定为最舒适的热环境，这也是室内热环境设计的一个基准。

3.2.3 风

（1）定义

风是指由于大气压差所引起的大气水平方向的运动。地表增温不同引起大气压差为主要原因。

（2）风的分类

① 大气环流。赤道得到太阳辐射大于长波辐射散热，极地正相反。地表温度不同是大气环流的动因，风的流动促进了地球各地能量的平衡。

② 地方风。地方风由地方性地貌条件不同造成局部差异，以一昼夜为周期，如海陆风、山谷风、庭院风、巷道风等。

③ 季风。季风由海陆间季节温差造成，冬季大陆吹向海洋，夏季海洋吹向大陆，形成季节差异，以年为周期。

（3）描述风的特征的两个要素

① 风向。通常，人们把风吹来的地平方向，确定为风的方向。

② 风速。指单位时间内风行进的距离，以 m/s 来表示。

在气象台上，一般以所测距地面 10m 高处的风向和风速作为当地的观察数据。

③ 风向频率图（风玫瑰图）。风玫瑰图是按照逐时所测得的各个方位的风向出现次数统计起来，然后，计算出各个方位出现次数占总次数的百分数，再按一定的比例在各个方位的方位线上标出，最后，将各点连接起来，如图 3.5 所示。

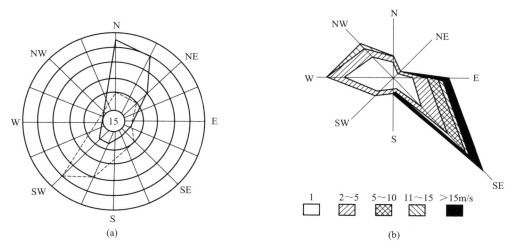

图 3.5　风向图

（4）风与建筑物的关系

风也是影响建筑物风格的重要因素之一。防风是房屋的一大功能，有些地方还将防风作为头等大事，尤其是在台风肆虐的地区。日本太平洋沿岸的一些渔村，房屋建好后一般用鱼网罩住或用大石块压住。我国台湾兰屿岛，距台风策源地近，台风强度大，破坏性极强，因此岛上居民雅美族人（高山族的一支）创造性地建造了一种"地窖式"民居：房屋一般位于地面以下 1.5～2m 处，屋顶用茅草覆盖，条件好的用铁皮，仅高出地面 0.5m 左右，迎风坡缓，背风坡陡，室内配有火堂以弥补阴暗潮湿的缺点，还在地面上建凉亭备纳凉之用。我国北方冬季屡屡有寒潮侵袭（多西北风），避风就是为了避寒，因此朝北的一面墙往往不开窗户，院落布局非常紧凑，门也开在东南角，如北京四合院。

风还会影响房屋朝向和街道走向。在山区和海滨地区，房屋多面向海风和山谷风。我国云南大理有句歌谣："大理有三宝，风吹不进屋是第一宝"。大理位于苍山洱海之间，夏季吹西南风，冬春季节吹西风即下关风，下关风风速大，平均为 4.2m/s，最大可达 10 级，因此这里的房屋坐西朝东，成为我国民居建筑中的一道独特风景。城市街道走向如果正对风向，风在街道上空受到挤压，风力加大，成为风口，因此街道走向最好与当地盛行风向之间有个夹角。在一些炎热潮湿的地方，通风降温成为房屋居住的主要问题，如西萨摩亚、瑙鲁、所罗门群岛等地区，房屋没有墙。现代住宅建筑比较讲究营造"穿堂风"，用来通风避暑。

3.2.4 降水

（1）定义

从大地蒸发出来的水进入大气层，经过凝结后又降到地面上的液态或固态水分。

（2）降水性质

① 降水量。指降落到地面的雨、雪、雹等融化后，未经蒸发或渗漏流失而积累在水平面上的水层厚度，一般以 mm 表示。

② 降水时间。指一次降水过程从开始到结束的持续时间，用 h 或 min 来表示。

③ 降水强度。指单位时间的降水量。

降水强度的等级以 24h 的总量（mm）来划分。如表 3.1、表 3.2 所示。

表 3.1　降雨强度等级划分

强度等级	小雨	中雨	大雨	暴雨
降水总量	小于 10mm	10～25mm	25～50mm	50～100mm

表 3.2　降雪强度等级划分

强度等级	小雪	中雪	大雪	暴雪
降水总量	小于 2.5mm	2.5～5.0mm	5.0～10.0mm	10.0mm 以上

（3）影响因素

降水量影响因素包括气温、大气环流、地形、海陆分布等。

（4）降水量的分布

我国降水量分布与地区有关，南湿北干，有很大差别。

（5）降水与建筑物的关系

降雨多和降雪量大的地区，房顶坡度普遍很大，以加快泄水和减少屋顶积雪。中欧和北欧山区的中世纪尖顶民居就是因为这里冬季降雪量大，为了减轻积雪的重量和压力所致。我国云南傣族、拉祜族、佤族、景颇族的竹楼，颇具特色。这里属热带季风气候，炎热潮湿，竹楼多采用歇山式屋顶，坡度陡，达 45°～50°；下部架空以利通风隔潮，室内设有火塘以驱风湿。这种高架式建筑在柬埔寨的金边湖周围、越南湄公河三角洲等地亦有分布。我国东南沿海厦门、汕头一带以及我国台湾的骑楼往往从二楼起向街心方向延伸到人行道上，既利于行人避雨，又能遮阳。我国湘、桂、黔交界地区侗族的风雨桥、廊桥亦是如此。降雨少的地区，屋面一般较平，建筑材料也不是很讲究，屋面极少用瓦，有些地方甚至无顶。我国西北有些地方气候干旱，降水很少，屋面平缓，一般只是在椽子上铺上织就的芦席、稻草或包谷秆，上抹泥浆一层，再铺干土一层，最后用麦秸拌泥抹平就行了。我国宁夏虽然也用瓦，但却只有仰瓦而无复瓦。这类房屋的防雨功能较差。如秘鲁首都利马气候炎热干燥，房屋多为土质，屋顶用草甚至用纸箱覆盖，城市亦没有完善的排水设施，1925 年 3 月因厄尔尼诺现象影响突降暴雨，结果洪水中土墙酥软，房屋倒塌，道路冲毁。

降水多的地方，植被繁盛，建筑材料多为竹木；降水少的地方，植被稀疏，建筑多用土石；降雪量大的地方，雪甚至也是建筑材料，如爱斯基摩人的雪屋。我国东北鄂伦春人冬季外出狩猎时也常挖雪屋作为临时休息场所。

3.2.5 城市微气候

（1）城市微气候的概念

城市微气候指在建筑物周围地面上及屋面、墙面、窗台等特定地点，所形成的风、阳光、辐射、气温与湿度等气候条件。现阶段已开发出多个微气候及建筑能耗模拟软件，用于建筑规划和建筑物的设计与评定。

（2）城市微气候的特点

① 城市风场与远郊不同，风向改变，平均风速低于远郊来流风速。

② 气温较高形成热岛现象。

③ 城市中的云量、特别是低云量比郊区多，大气透明度低，太阳总辐射照度比郊区低。

（3）城市热岛效应

城市热岛效应是指城市气温高于郊区的现象。热岛强度以城市中心平均气温与郊区的平均气温之差来表示，如图 3.6 所示。

图 3.6　城市热岛效应示意图

城市热岛效应的成因包括：

① 自然条件。

② 市内风速。

③ 对天空长波辐射。建筑布局影响对天空角系数和风场。

④ 云量。市区内云量大于郊区。

⑤ 太阳辐射。市内大气透明度低。

⑥ 下垫面的吸收和反射特性、蓄热特性。

⑦ 人为影响，人为热。

⑧ 交通、家用电器、炊事产热。

⑨ 空调采暖产热、工业。

（4）城市风场

城市和建筑群内的风场对城市微气候和建筑群局部小气候有显著的影响。风洞效应是指在建筑群内产生的局部高速流动。建筑群内的风场形成取决于建筑的布局，不当规划产生的风场问题有下列 5 点。

① 冬季建筑群内的高速风场增加建筑物的冷风渗透，导致采暖负荷增加。

② 由于建筑物的遮挡，造成夏季建筑的自然通风不良。

③ 建筑群内的风速太低，导致建筑群内气体污染物无法有效排出。

④ 建筑群内出现旋风区域，容易积聚落叶、废纸、塑料袋等废弃物。

⑤ 室外局部的高风速影响行人的活动，并影响热舒适程度。

（5）日照与建筑间距的关系

室内光照能杀死细菌或抑制细菌发育，满足人体生理需要，改善居室微小气候。北半球中纬度地区，冬季室内只要有 3h 光照，就可以杀死大部分细菌。在无光照的环境中人体内会产生一种激素——褪黑素。太阳光中的可见光对建筑的自然采光和居住者的心理影响具有重大意义。不同使用性质的建筑物对日照的要求不同，需要争取较多日照的建筑物有病房、幼儿园、农业用的日光室等。

从采光方面考虑，房屋建筑需注重三个方面：采光面积、房间间距、朝向。气温高的地方，往往窗户较小或出檐深远以避免阳光直射。我国吐鲁番地区的房屋窗户很小，既可以避免灼热的阳光，又可以防止风沙侵袭。傣族民居出檐深远，一个目的是为了避雨，正所谓"吐水疾而溜远"；另一个目的是遮阳。有些地方还在屋顶上做文章，如《田夷广纪》记载：我国西北一些地区"房屋覆以白垩"以反射烈日，降低室温。气温低的地方，窗户一般较大，以充分接收太阳辐射，但窗户往往是双层的，以避免寒气侵袭，如我国东北地区。我国宁夏的"房屋一面盖"也是为了充分利用太阳辐射。日本西海岸降雪量大，窗户被雪掩盖，因此常常还在屋顶上伸出一个个"脖子式"高窗，以弥补室内光照不足的状况。

房屋之间的间距是有讲究的，尤其是城市中住宅楼建设更要注意。楼间距至少应从满足底楼的光照方面考虑。光照也是影响房屋朝向的因素之一。北半球中高纬地区房屋多坐北朝南，南半球中高纬度地区则多坐南朝北，赤道地区房屋朝向比较杂乱，这与太阳直射点的南北移动有关。

需要避免日照的建筑物有两类：一类是需要防止室内过热的建筑物；另一类是需要避免眩光和防止起化学反应的建筑。

在进行日照设计时，常要满足最低日照标准，并根据最低日照标准确定住宅建筑间距。住宅建筑间距首先应满足日照要求为基础，综合考虑其他方面，如采光、通风、消防等。决定住宅日照标准的主要因素包括所处的地理纬度及其气候特征；所处城市的规模大小及建筑布局。

① 住宅日照标准的目标：

冬天尽量多，但太阳高度角低易被遮挡。

夏天尽量少，但太阳高度角高不易被遮挡。

② 建筑布局与日照：

建筑的互遮挡，不同建筑物相互遮挡。

建筑的自遮挡，建筑物一部分被另一部分遮挡。

③ 两种需要避免的情况：

终日日影，指在一天当中都无日照的现象。

永久日影，指一年当中都没有日照的现象。

二维码 10 《建筑
日照计算参数标准》

3.2.6 绿色建筑室外环境

（1）建筑及照明设计避免产生光污染

建筑物光污染包括建筑反射光（眩光）、夜间的室外夜景照明以及广告照明等造成的光污染。玻璃幕墙因其统一了建筑功能与美观的特点，在目前的城市建筑中被广泛地采用。但当太阳直射光线和散射光线照射到玻璃幕墙（包括反射性的光滑石材和金属幕墙）上时，会产生对人引起视觉累积损害或干扰的有害光反射，包括失能眩光、不属实眩光，不仅让人感到不舒服，还会使人降低对灯光信号等重要信息的辨识力，甚至带来道路安全隐患。《玻璃幕墙光热性能》（GB/T 18091—2015）第 3.13 条规定，可见光反射比（visible light reflectance）ρ 为在太阳光可见光谱（380～780nm）范围内，玻璃或其他材料反射的可见光对入射可见光的比值。建筑立面在选择玻璃幕墙时应选用可见光透射比在合理范围内的产品，避免有害光反射。

夜景照明的主要目的是营造舒适、安全、美观的夜间环境，但照明方式、照明光源、灯具及其电器附件、灯位布置、灯具安装角度和照明时间的不当都可能造成对环境、交通和人的不良影响，进而形成光污染。

（2）场地环境噪声控制

声环境质量是绿色建筑的评价重点之一。对于居住建筑，良好的声环境是保证居民身心健康、睡眠休息、生活起居的基本条件；对于公共建筑，控制环境噪声是使用者从事工作、社交活动、学习思考、修养康复等所处环境的基本要求。控制环境噪声的首要途径是确保项目所在场地的噪声符合标准要求，而对环境噪声源采取针对性的降噪措施同样具有重要的意义。

评价环境噪声水平是以我国现行的环境噪声标准为评价依据，即根据不同类别项目，对场地周边的噪声现状进行检测和评估，判断是否符合国家标准《声环境质量标准》（GB 3096）对于不同声环境功能区噪声标准的规定。

（3）场地内风环境控制

场地内风环境应有利于室外行走、活动舒适，有利于建筑冬季的防风和过渡季、夏季的自然通风。

城市建筑规划布局对进入的自然风产生挤压与遮挡作用，可造成不利的风环境影响，包括无风区、疾风区、涡旋区等。

研究表明，冬季建筑物周围人行活动区域距地 1.5m 高处风速 v 小于 5m/s 是不影响人们正常室外活动的基本要求。建筑的迎风面与背风面风压差不超过 5Pa，可以减少冷风向室内渗透。

夏季、过渡季通风不畅在某些区域形成无风区和涡旋区，将影响室外散热和污染物消散，从而影响室外人员活动的舒适性。外窗室内外表面的风压差达到 0.5Pa 有利于建筑的自然通风。

利用计算流体动力学（CFD）手段通过不同季节典型风向、风速可对建筑外风环境进行模拟。在设计阶段引入 CFD 方法对室外风环境进行模拟，能有效评估规划和建筑形体对室外风环境的影响，预测潜在问题，从而及时调整场地布局并采取措施。

（4）采取措施降低热岛强度

城市热岛效应是指城市中的气温明显高于周围郊区的气温。城市中的交通、工业和居民生活排放的大量人为热源，建筑和道路等大量吸热材料的使用，导致城市空气温度比周围郊区空气温度要高。同时，城市树木和绿地被建筑物取代，减少了植被的蒸腾散热效果；城市密集建筑造成的空气流动速度降低，减弱了对流散热效果，也进一步加剧了城市热岛效应。

热岛现象在夏季更为明显，不仅会使人们高温中暑的概率变大，同时还容易形成光化学烟雾污染，并增加建筑的空调能耗，给人们的工作生活带来严重的负面影响。室外硬质地面采用遮阴措施可有效降低室外活动场地地表的温度，减少热岛效应，提高场地的热舒适度。《城市居住区热环境设计规范》（JGJ 286—2013）中的 4.2.1 强制性条文规定，居住区活动场地的遮阳覆盖率限值，在建筑气候Ⅱ区为广场 10%，游憩场 15%，停车场 15%，人行道 25%。

室外活动场地不含道路、非机动车停车场和机动车停车场。考虑到建筑阴影区本身不宜设置户外场地，且该区域设置花架或遮阳棚等的经济性不高，仅对建筑阴影区外的户外场地提出要求。建筑阴影区为夏至日 8：00～16：00 时段在 4h 日照等时线以内的区域。乔木遮阴面积以成年乔木的最大冠幅值为直径的圆的面积计算。设计时按照 20 年或以上的成活乔木计算其树冠，或参考园林设计中的推荐计算方法；花架、遮阳棚等构筑物的遮阴面积按照其正投影面积计算。对于首层架空构筑物，架空空间如果是活动空间，可计算在内。

屋面及屋面上的设备（除特殊工艺要求外）可采用高反射率涂料等面层，仅计算除绿化屋面和表面设有太阳能集热板或光电板的建筑屋面外的面积。

（5）场地与公共交通设施具有便捷的联系

为引导建筑使用者优先选择公共交通出行，建筑场地的规划布局应重视场地出入口与公共交通站点的便捷联系。对于无明确出入口的开敞场地，可以建筑主要出入口为依据。

场地出入口与公交、轨道交通站点和公共自行车租赁站的步行距离，是从场地出入口起，延续至被选择的公交站点、轨道交通站点和公共自行车租赁站最近入口为止。线路如需穿越马路，需选择人行横道、天桥、地下通道。步行过程中通过的垂直距离可以不计入步行距离内；对于选择人行横道、天桥、地下通道产生的额外水平距离，应计入步行距离内。

"有便捷的人行通道联系公共交通站点"可包括建筑外的平台直接通过天桥与公交站点相连，建筑的部分空间与地面轨道交通站点出入口直接连通，为减少到达公共交通站点的绕行距离设置了专用的人行通道，地下空间与地铁站点直接相连等。

考虑到一些新建开发区的公交线路不完备的现象，企业自行设置的班车、学校设置的校车线路也可作为一条公交线路计算在内。

（6）场地内无障碍设计

场地内无障碍设计应符合现行国家标准《无障碍设计规范》（GB 50763）的规定，且场地内外的人行通道应实现无障碍衔接。

无障碍环境的建设，为行为障碍者以及所有需要使用无障碍设施的人们提供了必要的基本保障，是绿色理念在创造方便、舒适的良好环境方面的具体体现。场地内外相互联系的无障碍设计是绿色出行的重要组成部分，是保障各类人群方便、安全出行的基本设施。

现行国家标准《无障碍设计规范》（GB 50763—2012）中有关场地无障碍的内容包含在居住区、居住建筑的道路、绿地设计和公共建筑中一般规定和各类型建筑有关场地设计的条文中。

（7）合理设置停车场所

鼓励使用自行车等绿色环保的交通工具，绿色出行。自行车和机动车停车数量应满足现行有关规定及所在地控制性详细规划的相关要求，且停车场所应规模适度、合理组织交通流线，符合使用者的出行习惯。

为减少雾霾和加强社会文明建设，国家大力发展新能源汽车，为支持新能源汽车的推广，鼓励停车场设置新能源汽车充电基础设施。

（8）提供便利的公共服务

住区公共服务设施便利，可减少机动车出行需求，有利于节约能源、保护环境。绿色建筑对部分常用公共服务设施的出行距离做出要求，包括幼儿园、小学、托老所、医疗卫生设施、商业服务设施及文体设施，其中医疗卫生设施包括社区卫生服务站、社区卫生服务中心、医院等，文体设施包含社区文化设施和室内体育设施。公共服务设施的规模应满足现行《居住公共服务设施配置指标》的相关指标要求（不含交通设施）。同时，设施集中布置、协调互补和社会共享可提高使用效率、节约用地和投资。

公共建筑集中设置，配套的设施设备共享，也是提高服务效率、节约资源的有效方法。公共空间的共享既可增加公众的活动场所，有利陶冶情操、增进社会交往，又可提高各类设施和场地的使用效率，是绿色建筑倡导和鼓励的建设理念。

公共建筑兼容两种及以上主要公共服务功能。指建筑除其自身的主体功能外，还兼有其他公共服务功能，比如兼有宾馆建筑、博览建筑、体育健身场馆、大型商业等功能。

公共建筑配套辅助设施设备共同使用、资源共享。指建筑或建筑群的车库、锅炉房、空调机房、食堂、医疗点、休息处、会议室、报告厅等可以供建筑或建筑群内大部分使用者共同使用。

建筑向社会公众提供开放的公共空间。指运动场馆、图书馆、餐饮设施、公共厕所等建筑室内空间向建筑常规使用者之外的公众开放，比如大学、独立学院和职业技术学院、高等专科学校等的专用运动场馆，在非校用时间向社会公众开放。

建筑室外活动场地错时向周边居民免费开放。指建筑室外的活动场地的开放与共享，比如文化、体育设施的室外活动场地错时向社会开放，办公建筑的室外场地在非办公时间向周边居民开放，商业建筑的屋顶绿化在非营业时间提供给公众休憩等。

3.3 节地与室外环境评价标准

学习目标

掌握绿色建筑节地评价标准。

3.3.1 控制项

① 项目选址应符合所在地城乡规划，且应符合各类保护区、文物古迹保护的建设控制

要求。

② 场地应无洪涝、滑坡、泥石流等自然灾害的威胁，无危险化学品、易燃易爆危险源的威胁，无电磁辐射、含氡土壤等危害。

③ 场地内不应有排放超标的污染源。

④ 建筑规划布局应满足日照标准，且不得降低周边建筑的日照标准。例如，住宅日照标准应符合表 3.3 所示的规定。

表 3.3　住宅日照标准

建筑气候区划	Ⅰ、Ⅱ、Ⅲ、Ⅶ气候区		Ⅳ气候区		V、Ⅵ气候区
	大城市	中小城市	大城市	中小城市	
日照标准日	大寒日			冬至日	
日照时数/h	≥2	≥3		≥1	
有效日照时间带	8:00～16:00			9:00～15:00	
日照时间计算起点	底层窗台面				

对于特定情况还应符合下列规定：

a. 老年人居住建筑不应低于冬至日日照 2h 的标准；

b. 在原设计建筑外增加任何设施不应使相邻住宅原有日照标准降低；

c. 旧区改建的项目内新建住宅日照标准可酌情降低，但不应低于大寒日日照 1h 的标准。

在低于北纬 25°的地区，宜考虑视觉卫生要求。根据国外经验，当两幢住宅楼居住空间的水平视线距离不低于 18m 时即能基本满足要求。

3.3.2　评分项

（1）土地利用

① 节约集约利用土地，评价总分值为 19 分。对居住建筑，根据其人均居住用地指标按表 3.4 所示的规则评分；对公共建筑，根据其容积率按表 3.5 所示的规则评分。

表 3.4　居住建筑人均居住用地指标评分规则

居住建筑人均居住用地指标 A/m^2					得分
3 层及以下	4～6 层	7～12 层	13～18 层	19 层及以上	
35<A≤41	23<A≤26	22<A≤24	20<A≤22	11<A≤13	15
A≤35	A≤23	A≤22	A≤20	A≤11	19

表 3.5　公共建筑容积率评分规则

容积率 R	得分	容积率 R	得分
0.5≤R<0.8	5	1.5≤R<3.5	15
0.8≤R<1.5	10	R≥3.5	19

② 场地内合理设置绿化用地，评价总分值为 9 分，并按下列规则评分：

a. 居住建筑按下列规则分别评分并累计：

住区绿地率：新区建设达到 30%，旧区改建达到 25%，得 2 分。

住区人均公共绿地面积：按表 3.6 所示的规则评分，最高得 7 分。

表 3.6　住区人均公共绿地面积评分规则

住区人均公共绿地面积 A_g		得分
新区建设	旧区改建	
$1.0m^2 \leq A_g < 1.3m^2$	$0.7m^2 \leq A_g < 0.9m^2$	3
$1.3m^2 \leq A_g < 1.5m^2$	$0.9m^2 \leq A_g < 1.0m^2$	5
$A_g \geq 1.5m^2$	$A_g \geq 1.0m^2$	7

b. 公共建筑按下列规则分别评分并累计：

绿地率：按表 3.7 所示的规则评分，最高得 7 分。

表 3.7　公共建筑绿地率评分规则

绿地率 R_g	得分	绿地率 R_g	得分
$30\% \leq R_g < 35\%$	2	$R_g \geq 40\%$	7
$35\% \leq R_g < 40\%$	5		

绿地向社会公众开放，得 2 分。

c. 合理开发利用地下空间，评价总分值为 6 分，按表 3.8 所示的规则评分。

表 3.8　地下空间开发利用评分规则

建筑类型	地下空间开发利用指标		得分
居住建筑	地下建筑面积与地上建筑面积的比值 R_r	$5\% \leq R_r < 20\%$	2
		$20\% \leq R_r < 35\%$	4
		$R_r \geq 35\%$	6
公共建筑	地下建筑面积与总用地面积之比 R_{p1} 地下一层建筑面积与总用地面积的比值 R_{p2}	$R_{p1} \geq 0.5$	3
		$R_{p1} \geq 0.7$ 且 $R_{p2} < 70\%$	6

二维码 11　人均用地
指标计算

（2）室外环境

① 建筑及照明设计避免产生光污染，评价总分值为 4 分，按下列规则分别评分并累计：

a. 玻璃幕墙可见光反射比不大于 0.2，得 2 分；

b. 室外夜景照明光污染的限制符合现行行业标准《城市夜景照明设计规范》（JGJ/T 163）的规定，得 2 分。

② 场地内环境噪声符合现行国家标准《声环境质量标准》（GB 3096）的有关规定，评价分值为 4 分。

③ 场地内风环境有利于室外行走、活动舒适和建筑的自然通风，评价总分值为 6 分，按下列规则分别评分并累计：

a. 在冬季典型风速和风向条件下，按下列规则分别评分并累计：

建筑物周围人行区风速小于 5m/s，且室外风速放大系数小于 2，得 2 分；

除迎风第一排建筑外，建筑迎风面与背风面表面风压差不大于 5Pa，得 1 分。

b. 过渡季、夏季典型风速和风向条件下，按下列规则分别评分并累计：

场地内人活动区不出现涡旋或无风区，得 2 分；

50% 以上可开启外窗室内外表面的风压差大于 0.5Pa，得 1 分。

④ 采取措施降低热岛强度，评价总分值为 4 分，按下列规则分别评分并累计：

a. 红线范围内户外活动场地有乔木、构筑物遮阴措施的面积达到 10%，得 1 分；达到

20%，得 2 分。

b. 超过 70%的道路路面、建筑屋面的太阳辐射反射系数不小于 0.4，得 2 分。

（3）交通设施与公共服务

① 场地与公共交通设施具有便捷的联系，评价总分值为 9 分，按下列规则分别评分并累计：

a. 场地出入口到达公共汽车站的步行距离不大于 500m，或到达轨道交通站的步行距离不大于 800m，得 3 分；

b. 场地出入口步行距离 800m 范围内设有 2 条及以上线路的公共交通站点（含公共汽车站和轨道交通站），得 3 分；

c. 有便捷的人行通道联系公共交通站点，得 3 分。

② 场地内人行通道采用无障碍设计，评价分值为 3 分。

③ 合理设置停车场所，评价总分值为 6 分，按下列规则分别评分并累计：

a. 自行车停车设施位置合理、方便出入，且有遮阳防雨措施，得 3 分；

b. 合理设置机动车停车设施，并采取下列措施中至少 2 项，得 3 分：

采用机械式停车库、地下停车库或停车楼等方式节约集约用地；

采用错时停车方式向社会开放，提高停车场（库）使用效率；

合理设计地面停车位，不挤占步行空间及活动场所。

④ 提供便利的公共服务，评价总分值为 6 分，并按下列规则评分：

a. 居住建筑：满足下列要求中 3 项，得 3 分；满足 4 项及以上，得 6 分：

场地出入口到达幼儿园的步行距离不大于 300m；

场地出入口到达小学的步行距离不大于 500m；

场地出入口到达商业服务设施的步行距离不大于 500m；

相关设施集中设置并向周边居民开放；

场地 1000m 范围内设有 5 种及以上的公共服务设施。

b. 公共建筑：满足下列要求中 2 项，得 3 分；满足 3 项及以上，得 6 分：

2 种及以上的公共建筑集中设置，或公共建筑兼容 2 种及以上的公共服务功能；

配套辅助设施设备共同使用、资源共享；

建筑向社会公众提供开放的公共空间；

室外活动场地错时向周边居民免费开放。

（4）场地设计与场地生态

① 结合现状地形地貌进行场地设计与建筑布局，保护场地内原有的自然水域、湿地和植被，采取表层土利用等生态补偿措施，评价分值为 3 分。

② 充分利用场地空间合理设置绿色雨水基础设施，对大于 10hm² 的场地进行雨水专项规划设计，评价总分值为 9 分，按下列规则分别评分并累计：

a. 下凹式绿地、雨水花园等有调蓄雨水功能的绿地和水体的面积之和占绿地面积的比例达到 30%，得 3 分；

b. 合理衔接和引导屋面雨水、道路雨水进入地面生态设施，并采取相应的径流污染控制措施，得 3 分；

c. 硬质铺装地面中透水铺装面积的比例达到 50%，得 3 分。

③ 合理规划地表与屋面雨水径流，对场地雨水实施外排总量控制，评价总分值为 6 分。其场地年径流总量控制率达到 55%，得 3 分；达到 70%，得 6 分。

④ 合理选择绿化方式，科学配置绿化植物，评价总分值为 6 分，按下列规则分别评分并累计：

a. 种植适应当地气候和土壤条件的植物，采用乔、灌、草结合的复层绿化，种植区域覆土深度和排水能力满足植物生长需求，得 3 分；

b. 居住建筑绿地配植乔木不少于 3 株/100m²，公共建筑采用垂直绿化、屋顶绿化等方式，得 3 分。

项目实训

（1）实训内容

进行建筑节地工程的设计实训（指导教师选择一个真实的工程项目或学校实训场地，带学生实训操作），熟悉建筑节地工程的基本知识，从地形分析、场地设计等方面进行全过程模拟训练，熟悉建筑节地工程技术要点和国家相应的规范要求。

（2）实训目的

通过课堂学习结合课下实训使学生熟练掌握建筑节地工程技术和国家相应的规范要求，提高学生进行建筑节地工程技术应用的综合能力。

（3）实训要点

① 让学生通过对建筑节地工程技术的运行与实训，加深对建筑节地工程国家标准的理解，掌握在建筑节地工程设计要点，进一步加强对专业知识的理解。

② 分组制订计划与实施。培养学生团队协作的能力，掌握建筑节地工程技术和获取经验。

（4）实训过程

① 实训准备要求

a. 做好实训前相关资料查阅，熟悉建建筑节地工程有关的规范要求。

b. 准备实训所需的工具与材料。

② 实训要点

a. 实训前做好交底。

b. 制订实训计划。

c. 分小组进行，小组内部分工合作。

③ 实训操作步骤

a. 按照建筑节地要求，选择建筑节地方案。

b. 进行建筑节地方案设计。

c. 进行建筑节能性能分析。

d. 做好实训记录和相关技术资料整理。

e. 进行小组互评和最终评定。

④ 教师指导点评和疑难解答。

⑤ 实地观摩。

⑥ 进行总结。

（5）实训项目基本步骤表

步骤	教师行为	学生行为
1	交代工作任务背景,引出实训项目	①分好小组 ②准备实训工具、材料和场地
2	布置建筑节地工程实训应做的准备工作	
3	使学生明确建筑节地工程设计实训的步骤	
4	学生分组进行实训操作,教师巡回指导	完成建筑节地工程实训全过程

续表

步骤	教师行为	学生行为
5	结束指导点评实训成果	自我评价或小组评价
6	实训总结	小组总结并进行经验分享

（6）实训小结

项目技能	项目：技能达标分项	指导老师：备注
建筑节地工程	①方案完善　　　得0.5分 ②准备工作完善　得0.5分 ③设计过程准确　得1.5分 ④设计图纸合格　得1.5分 ⑤分工合作合理　得1分	根据职业岗位所需，技能需求，学生可以补充完善达标项
自我评价	对照达标分项　得3分为达标 对照达标分项　得4分为良好 对照达标分项　得5分为优秀	客观评价
评议	各小组间互相评价 取长补短，共同进步	提供优秀作品观摩学习

自我评价＿＿＿＿＿＿＿＿＿　　　　　个人签名＿＿＿＿＿＿＿＿＿＿

小组评价　达标率＿＿＿＿＿＿　　　组长签名＿＿＿＿＿＿＿＿＿＿

　　　　　良好率＿＿＿＿＿＿

　　　　　优秀率＿＿＿＿＿＿

　　　　　　　　　　　　　　　　　　　　　　年　　月　　日

小 结

建筑节地，在城镇化过程中，要通过合理布局提高土地利用的集约和节约程度。重点是统筹城乡空间布局，实现城乡建设用地总量的合理发展、基本稳定、有效控制、节约用地。

合理选择建设用地，避免建设用地周边环境对建设项目可能产生的不良影响，同时减少建设用地选址给周边环境造成的负面影响。

高层建筑适地性与节地性研究对于我国城市建设、人口及土地资源利用、高层建筑的现在和未来、国民经济发展和人类生存环境有着一定的意义。

城市微气候指在建筑物周围地面上及屋面、墙面、窗台等特定地点，所形成的风、阳光、辐射、气温与湿度等气候条件。

太阳光中的可见光对建筑的自然采光和居住者的心理影响具有重大意义。不同使用性质的建筑物对日照的要求不同，需要争取较多日照的建筑物有病房、幼儿园、农业用的日光室等。

绿色建筑节地与室外环境评价标准包括控制项和评分项。

习 题

1. 场地选址有哪些基本要求？
2. 绿色建筑节地措施有哪些？
3. 高层建筑对节地的意义是什么？
4. 何谓室外温度？影响气温的主要因素有哪些？

5. 何谓空气湿度？常用什么来表示？

6. 什么是风？有什么类型？

7. 何谓降水？有什么性质？

8. 何谓城市微气候？有何特点？

9. 城市热岛的成因有哪些？

10. 绿色建筑节地评价标准包括哪些内容？

4

节水与水资源利用

内容提要

本单元以建筑节水为对象，主要讲述水资源概论、绿色建筑节水技术、节水与水资源利用评价标准等内容，并在实训环节提供建筑节水专项技术实训项目，作为本教学单元的实践训练项目，以供学生训练和提高。

技能目标

- 通过对水资源概论的学习，巩固已学的相关水资源的基本知识，了解我国目前水资源状况和节水的重要性。
- 通过对绿色建筑节水技术的学习，要求学生掌握合理用水规划、分质供排水子系统、中水子系统、雨水子系统、绿化景观用水子系统和节水器具设施、绿色管材等节水技术。
- 通过对绿色建筑节水与水资源利用评价标准的学习，要求学生掌握绿色建筑节水的评价标准。

本单元是为了全面训练学生对节水与水资源利用的掌握能力，检查学生对节水与水资源利用内容知识的理解和运用程度而设置的。

项目导入

建筑业作为我国经济发展的支柱产业，正在飞速发展。随着人民生活质量的提高，人们对供水量和质的要求正在不断提升。同时实施水的可持续利用和保护，使水资源不受破坏，并能进入良性的水质、水量再生循环，也已经成为政府和广大人民群众关注的焦点。这一切都给建筑给排水工程的设计提出了许多新的要求，而目前节水最关键的不是建筑节水技术，而是人们的节水意识和良好的用水习惯。当前我国日益严重的水资源短缺问题和水环境污染，不但困扰国计民生，而且已经成为制约社会经济可持续发展的重要因素。节约用水已经成为我国的基本国策。

4.1 水资源概论

学习目标

了解水资源的基本概念、人类拥有的水资源概况以及我国的水资源现状等问题。

4.1.1 水资源的定义

1894年美国地质调查局内设立水资源管理处，水资源作为官方词语第一次出现。水资源的定义有四五十种之多，一般认为水资源是在现有的技术、经济条件下能够获取的，并可作为人类生产资料和生活资料的水的天然资源。

地球上的水资源，从广义上来说是指水圈内水量的总体，包括经人类控制并直接可供灌溉、发电、给水、航运、养殖等用途的地表水和地下水，以及江河、湖泊、井、泉、潮汐、港湾和养殖水域等；从狭义上来说是指逐年可以恢复和更新的淡水量。水资源是发展国民经济不可缺少的重要自然资源。在世界许多地方，对水的需求已经超过水资源所能负荷的程度，同时有许多地区也濒临水资源利用的不平衡。

4.1.2 人类拥有的水资源

在地球上，人类可直接或间接利用的水，是自然资源的一个重要组成部分。天然水资源包括河川径流、地下水、积雪和冰川、湖泊水、沼泽水、海水，按水质划分为淡水和咸水。随着科学技术的发展，被人类所利用的水增多，例如海水淡化、人工催化降水、南极大陆冰的利用等。由于气候条件变化，各种水资源的时空分布不均，天然水资源量不等于可利用水量，往往采用修筑水库和地下水库来调蓄水源，或采用回收和处理的办法利用工业和生活污水，扩大水资源的利用。与其他自然资源不同，水资源是可再生的资源，可以重复多次使用；并出现年内和年际量的变化，具有一定的周期和规律；储存形式和运动过程受自然地理因素和人类活动所影响。

目前，人类利用的淡水资源，主要是河流水、湖泊水和浅层地下水，仅占全球淡水资源的0.3%。因此，地球上可供人类利用的水资源是有限的，如表4.1所示。

表4.1 地球上可供人类利用的水资源

地球上的水		占全球水量/%	占淡水总量/%
海洋水		97	
淡水	冰川、深层地下水	2.5	98
	河流水、湖泊水和浅层地下水		0.3

4.1.3 我国的水资源现状

（1）水资源总量多，人均占有量少

我国人均水资源量约为2200m³，约为世界平均水平的1/4。由于各地区处于不同的水文带及受季风气候影响，降水在时间和空间分布上极不均衡，水资源与土地、矿产资源分布和工农业用水结构不相适应。水污染严重，水质型缺水更加剧了水资源的短缺。

与世界各国相比，我国水资源总量少于巴西、俄罗斯、加拿大，位于世界第4位；若按人均水资源计算，则仅为平均水平的1/4，排名在第110位之后。

在中国600多个城市中，有400多个城市存在供水不足问题，其中比较严重的缺水城市有110个。

水资源供需矛盾突出。全国正常年份缺水量约为400亿立方米，水危机严重制约我国经济社会的发展。由于水资源短缺，部分地区工业与城市生活、农业生产及生态环境争水矛盾突出。部分地区江河断流，地下水位持续下降，生态环境日益恶化。近年来城市缺水形势严峻，缺水性质从以工程型缺水为主向以资源型缺水和水质型缺水为主转变。

（2）水资源时空分布不均匀

① 从空间分布看，南多北少。从空间分布看，我国水资源南丰北缺，特别是华北、西北缺水最为严重。华北人口众多，工农业发达，用水量大，水土资源匹配不合理。西北深居内陆，距海遥远，降水少，气候干旱。

② 从时间分布看，夏季多，冬季少。从时间分布看，季节分配不均匀，夏秋多，冬春少。

（3）水资源利用率低，浪费惊人，水污染严重

监测显示，七大水系总体为轻度污染，与去年同期相比水质无明显变化，主要污染物指标为高锰酸盐指数、五日生化需氧量和氨氮。

我国重点城市饮用水源地总体水质一般，达标水量比例为 69.3%，同比降低 5 个百分点，总体水质略有下降。其中 66 个城市饮用水源地水质达标率为 100%。但是，北海、长沙、秦皇岛、苏州、包头、抚顺、泸州、攀枝花、无锡等 11 个城市水源地水质达标率低。

我国每日耗水量世界第一，污水排放量世界第一。

节约用水、高效用水是缓解水资源供需矛盾的根本途径。节约用水的核心是提高用水效率和效益。目前我国万元工业增加值取水量是发达国家的 5～10 倍，我国灌溉水利用率仅为 40%～45%，距世界先进水平还有较大差距，节水潜力很大。

4.2 绿色建筑节水技术

学习目标

掌握制订合理用水规划、分质供排水子系统、中水子系统、雨水子系统、绿化景观用水子系统和节水器具设施、绿色管材等节水技术。

根据不同建筑的特点，绿色建筑可选用制订合理用水规划，分质供排水子系统，中水子系统，雨水子系统，绿化、景观用水子系统和节水器具、设施和绿色管材等节水技术。

4.2.1 制订合理用水规划

住宅区内有室内给水排水系统、室外给水排水系统、雨水系统、景观水体、绿地和道路用水等。规划时，应结合所在区域总体水资源和水环境规划，采取高质高用、低质低用原则，除利用市政供水外，充分利用其他水资源（雨水、生活污水），按照相关标准处理后回收再利用。供水设施应采用智能化管理，统一调度管理，包括远程控制系统和故障自动报警系统等。

（1）小区用水分类

小区用水包括生活用水、市政用水、消防用水等。生活用水是指小区居民日常生活用水（如饮用、烹调、洗涤、淋浴、冲厕）。市政用水是指街道浇洒、绿化用水、车辆冲洗等用水。消防用水是指扑灭火灾时所需要的用水。

（2）小区供水水源

① 市政供水　供水水源的水质达到饮用水卫生标准，可作为水源直接用于小区的生活用水。如果不符合饮用水卫生标准，应采用饮用水深度净化等技术措施进行处理。采用的技术措施应符合生活饮用水水质卫生规范和《卫生部涉及饮用水卫生安全产品检验规定》。采用市政供水的小区的水质保障技术，按建筑给水排水设计规范中关于水质和防止水质污染的

有关规定执行。

② 地下水和地表水　根据水质的情况，采取必要的处理措施，提供给用户符合生活饮用水水质标准的饮用水。

③ 生活杂用水　采用小区污废水作为生活杂用水水源，水质应符合中华人民共和国国家标准中关于相应的杂用水的水质标准。

（3）规划设计时需考虑的问题

① 水量平衡问题　水量平衡旨在确定小区每日以下指标：所需供应的自来水量、生活污水排放量、中水系统规模及回用目标、景观水体补水量、水质保证措施及补水来源等。

计算出小区节水率及污水回用率，找出各水系统之间相互依赖的关系，在考虑污水和雨水回用的同时，根据市政提供的水平进行合理安排。

② 节水率和回用率的指标问题　节水是指使用节水器具和设备，控制水龙头出水压力等措施，减少市政提供的水量。

节水率＝（安装节水器前的用水量－安装节水器后的用水量）/安装节水器前的用水量

计算节水率的前提条件是安装节水器前后的用水方式相同、用水效果相同。绿色建筑小区节水率不低于20％。回用率、中水和雨水的使用量达到小区用水量的30％。

③ 技术经济性问题　既要对常规的市政用水不同方案进行比较，又要对生活污水和雨水不同回用目的和工艺方案进行全面经济评价。

对水系统和处理工艺进行下面的评价：

a. 是否适合当地情况。

b. 是否节能降耗。

c. 是否操作方便。

d. 是否运行安全可靠。

e. 是否投资低廉。

4.2.2　分质供排水子系统

日常生活中，用水目的不同，水质要求不同。在绿色建筑体系中，分质供排水是水环境系统供排水原则。分质供排水分为分质供水系统和分质排水系统。

（1）分质供水系统

按不同水质供给不同用途的供水方式，绿色建筑小区设三套系统。

第一套（直饮水系统）：输送的是以城市自来水为水源，并进行过深度处理，再采取适当的灭菌消毒措施，使其各项卫生指标达到国家《饮用净水水质标准》要求的直饮水。

第二套（生活给水系统）：主要用于洗涤蔬菜瓜果、衣服及洗浴。

第三套（中水系统）：用来输送经小区中水设施净化处理的中水回用水，主要用于冲厕、浇洒、绿化、消防、车辆冲洗，其用水标准不低于国家《生活杂用水水质标准》的规定。

（2）分质排水系统

分质排水系统是指按排水污染程度分网排放的排水方式。绿色建筑小区室内排水系统应该设两条不同管网。

① 排杂水管道。收集除粪便污水以外的各种排水，如淋浴排水、厨房排水等，输送至中水设施作为中水水源。

② 粪便污水管道。将便器排水收集至小区化粪池处理后排入市政污水管道。

（3）直饮水子系统设计中需要注意的问题

① 水质标准。《绿色住宅小区建设要点与技术导则》规定：绿色住宅小区中的管道直饮

水水质应该符合《饮用净水水质标准》。

② 用水标准。目前管道直饮水系统无规范可循。《全国民用建筑设计技术措施——给水排水》规定：用于饮用的用水标准为 2～3L/（人·d）；用于饮用和烹饪的用水标准为 3～6L/（人·d）。对于住宅小区，用水量标准建议取 3～5L/（人·d），经济发达地区可适当提高到 7～8L/（人·d），办公楼为 2～3L/（人·d）。

③ 确定流量。国内在管道直饮水的室内管道设计方面还缺乏规范性公式，一般按照经验公式计算。确认流量后，为确保管道直饮水水质新鲜，进户直饮水水表至龙头之间管道、各路主管均应保证直饮水能够循环回流。

4.2.3　中水子系统

民用建筑或建筑小区使用后的各种排水（包括冷却排水、沐浴排水、盥洗排水、洗衣排水、厨房排水等）经适当处理后回收用于建筑或建筑小区作为杂用（绿化、洗车、浇洒路面、厕所便器、拖布池等）的供水系统。

（1）水源及选用原则

① 中水水源。城市生活污水处理厂的出水、相对洁净的工业排水、市政排水、建筑小区内的雨水、建筑物各种排水、天然水资源（江河湖海）、地下水。

② 选用原则。经技术经济分析比较，优先选择水量充足、水温适度、水质适宜、供水稳定、安全且居民易接受的水源。

③ 原水量的确定。水源为建筑物各种排水时，原水量按照《建筑中水设计规范》规定的排水项目的给水量及占总水量的百分率计算，也可按住户排水器具的实际排水量和器具数计算。建筑物排水量可按用水量的 80%～90% 计算，用作中水水源的水量宜为中水回用水量的 110%～115%。

二维码 12　《建筑中水设计规范》

（2）中水原水水质和中水水质标准

① 原水水质。以实测资料为准，如无资料，各类建筑的各种排水污染浓度可参照《建筑中水设计规范》。

② 中水水质。

用于冲厕以及室内外环境清洗：水质标准应符合《生活杂用水水质标准》。

用于蔬菜浇灌用水、洗车用水、空调系统冷却水、采暖系统补水等：水质标准应该达到相应标准要求。

中水用作城市杂用水，其水质应符合《城市污水再生利用城市杂用水水质》（GB/T 18920—2002）的规定。

中水用于景观环境用水，其水质应符合《城市污水再生利用景观环境用水水质》（GB/T 18921—2002）的规定。

用于多种用途按最高要求水质标准。

（3）设计原则

中水系统由原水系统、处理系统和中水供水系统三部分组成。中水工程的设计应按系统工程考虑，做到统一规划、合理布局、相互制约和协调配合。实现建筑或建筑小区的使用功能、节水功能和环境功能的统一。

① 确定中水系统处理工艺。设计时根据小区原排水水量、水质、中水用途、水源位置确定。

② 中水水源宜选用优质系排水。按以下顺序取舍：淋浴排水、盥洗排水、洗衣排水、

厨房排水、厕所排水。

③ 严禁中水进入生活饮用水系统。

（4）设计时注意的问题

① 中水系统应具有一定规模（5 万平方米以上小区应设有中水系统），中水成本价不大于自来水水价。

② 中水管道不得采用非镀锌钢管、宜采用承压复合管、塑料管等。

③ 中水供水系统水力计算按照《建筑给水排水设计规范》中给水部分执行。

④ 中水系统必须独立设置，严禁进入生活饮用水给水系统。

⑤ 中水储水池宜采用耐腐蚀、易清垢的材料制作。

⑥ 中水供水系统上，应根据使用要求加装计量装置。

⑦ 对中水处理站中构筑物采取防臭、减噪、减震措施。

⑧ 中水管道外壁涂上浅绿色，水池、阀门、水表、给水栓应标有"中水"标志。

⑨ 中水管道不加装龙头。

（5）中水处理工艺

中水处理流程是由各种污水处理单元优化组合而成的，通常包括三个部分。

① 预处理：格栅、调节池。

② 主处理：絮凝沉淀或气浮、生物处理、膜分离、土地处理等。

③ 后处理：过滤（砂、活性炭）、消毒等。

其中，预处理、后处理在上述流程中一般基本相同。主处理工艺则需根据不同要求进行选择。

（6）安全防护和监（检）测控制

① 安全防护

a. 中水管道严禁与生活饮用水给水管任何方式的直接连接。

b. 除卫生间外，中水管道不宜暗装于墙体内。

c. 中水池（箱）内的自来水补水管应采取自来水防污染措施。

d. 中水管道外壁应涂浅绿色标志。

e. 水池（箱）、阀门、水表及给水栓、取水口均应有明显的"中水"标志。

② 监（检）测控制

a. 中水处理站的处理系统和供水系统宜采用自动控制，并应同时设置手动控制。

b. 中水处理系统应对使用对象要求的主要水质指标定期检测，对常用控制指标（水量、主要水位、pH 值、浊度、余氯等）实现现场监测，有条件的可实现在线监测。

c. 中水系统的自来水补水宜在中水池或供水箱处，采取最低报警水位控制的自动补给。

d. 中水处理站应对自耗用水、用电进行单独计量。

4.2.4　雨水子系统

雨水是一种既不同于上水又不同于下水的水源，但弃除初期雨水后水质较好，而且它有轻污染、处理成本低廉、处理方法简单等优点，应给予特别对待，要物尽其用。在建筑物中，可以使用渗水性能好的材料，并设计储水设备，以收集和储存雨水，并加以利用。例如，德国有一座生态办公楼，屋顶设了储水设备，收集并储存雨水；储存的雨水被用来浇灌屋顶花园的花草，从草地渗出的水回流储水器，然后流到大楼的各个厕所，用于冲洗。

雨水收集利用的目标和系统类别见表 4.2。

雨水收集回用设施的构成及选用见表 4.3。

表 4.2　雨水收集利用的目标和系统类别

系统种类	收集回用	入渗	调蓄排放
目标	将发展区内的雨水径流量控制在开发前的水平，即拦截利用硬化面上的雨水径流增量		
技术原理	蓄存并消除硬化面上的雨水		储存缓排硬化面上的雨水
作用	①减小外排雨峰流量 ②减少外排雨水总量		减小外排雨峰流量
	替代部分自来水	补充土壤含水量	
适用的雨水	较洁净雨水	非严重污染雨水	各种雨水
雨水来源	屋面、水面、洁净地面	地面、屋面	地面、屋面水面
技术适用条件	常年降雨量大于 400mm 的地区	①土壤渗透系数宜为 $10^{-6} \sim 10^{-3}$ m/s ②地下水位低于渗透面 1.0m 及以上	渗透和雨水回用难以实现的小区

表 4.3　雨水收集回用设施的构成与选用

设施组成	汇水面、收集系统、雨水弃流、雨水储存、雨水处理、清洗池、雨水供水系统、雨水用户
应用要求	雨量充沛、汇水面雨水收集效率高（径流系数大）；雨水用量大，管网日均用水量不宜小于蓄水池储存容积的 1/3
雨水回用用途	优先作为景观水体的补充水源，其次为绿化用水、循环冷却水、汽车冲洗用水、路面及地面冲洗用水、冲厕用水、消防用水等，不可用于生活饮用、游泳池补水等
雨水收集场所	优先收集屋面雨水，不宜收集机动车道路等污染严重的路面上的雨水。当景观水体以雨水为主要水源之一时，地面雨水可以排入景观水体

　　雨水子系统包括雨水直接利用和雨水间接利用。雨水直接利用是指将雨水收集后，经沉淀、过滤、消毒等处理工艺后，用于生活杂用水，如洗车、绿化、水景补水等，或将径流引入小区中水处理站作为中水水源之一。雨水间接利用是指将雨水适当处理后回灌至地下水层，或将径流经土壤渗透净化后涵养地下水。常用的渗透设施：绿地、渗透地面、渗透管、沟、渠、渗透井等。

　　（1）雨水汇流介质及水质

　　① 屋面。雨水水质较好，径流量大，便于收集，利用价值高。但下雨初期水质差（COD 达到 500mg/L，夏季沥青油毡屋面雨水）。雨水水质与降雨强度、屋面材料、空气质量、气温、两次降雨间隔时间有关。

　　② 道路。地面径流雨水水质较差，道路初期雨水中 COD 通常高达 300～400mg/L。

　　③ 绿地。绿地径流雨水主要以渗透的方式为主，雨水通过特殊装置收集，加大小区投资。

　　化学需氧量（COD），是在一定的条件下，采用一定的强氧化剂处理水样时，所消耗的氧化剂量。它是表示水中还原性物质多少的一个指标。水中的还原性物质有各种有机物、亚硝酸盐、硫化物、亚铁盐等，但主要的是有机物。化学需氧量（COD）又往往作为衡量水中有机物质含量多少的指标。化学需氧量越大，说明水体受有机物的污染越严重。

　　（2）屋面雨水收集及处理工艺

　　① 建筑物屋面雨水收集利用系统主要包括屋顶花园雨水利用系统和屋面雨水积蓄利用系统。

　　a. 屋顶花园雨水利用系统。屋顶花园雨水利用系统是削减城市暴雨径流量，控制非点源污染和美化城市的重要途径之一，也可作为雨水积蓄利用的预处理措施。为了确保屋顶花园不漏水和屋顶下水道通畅，可以考虑在屋顶花园的种植区和水体中增加一道防水和排水措施。屋顶材料中，关键是植物和上层土壤的选择，植物应根据当地气候条件来确定，还应与土壤类型、厚度相匹配。上层土壤应选择空隙率高、密度小、耐冲刷、可供植物生长的洁净天然的或人工材料。屋顶花园系统可使屋面径流系数减少到 0.3，有效地削减了雨水流失量，可同时改善小区的生态环境。

b. 屋面雨水积蓄利用系统。屋面雨水积蓄利用系统以瓦质屋面和水泥混凝土屋面为主，以金属、黏土和混凝土材料为最佳屋顶材料，不能采用含铅材料。屋面雨水水质的可生化性较差，故不宜采用生化方法处理，宜采用物化方法。该系统由集雨区、输水系统、截污净化系统、储存系统以及配水系统等几部分组成，有时还设有渗透系统，并与储水池溢流管相连，当集雨量较多或降雨频繁时，部分雨水可进行渗透。初期雨水由于含有较多的污染物应加以去除，排放量需根据小区当地的大气质量等因素，通过采样试验确定。根据初期弃流后的屋面雨水水质的情况和试验结果，采用相关雨水处理流程，其出水水质可满足《生活杂用水水质标准》要求，主要用于小区内家庭、公共场所等非饮用水，如浇灌、冲刷、洗车等。

② 屋面雨水净化工艺。雨水净化工艺应根据收集的雨水水质与用水水质标准及水量要求来确定。屋面雨水因可生化性差，一般宜采用物化处理，而不宜用人工生化处理。同时，应考虑雨水中 COD 以溶解性为主的特性及弃流后的雨水悬浮固体含量较低等特点。目前常用的工艺有：

a. 弃流-微絮凝过滤工艺。因为雨水中 COD 主要为溶解性的，如果采用直接过滤，对雨水中的 COD、SS 和色度的去除效果很差。试验表明，投加混凝剂后其去除效果可明显提高。混凝剂一般采用聚合氯化铝、硫酸铝、氯化铁，但用聚合氯化铝混凝剂进行微絮凝过滤其效果最好，聚合氯化铝投加浓度为 5mL。所以，将弃流后的雨水进行絮凝过滤处理比直接过滤的效果要好。弃流后的中、后期雨水进入雨水储存池（储存池容积根据暴雨强度公式绘出不同历时的雨量曲线来确定）。池内雨水经泵提升至压力滤池，在泵的出水管道上投加混凝剂聚合氯化铝，然后进入压力滤池进行微絮凝接触过滤，最后经液氯消毒后进入清水池，作为生活杂用水。

b. 弃流-生态渗透过滤工艺。该工艺是以绿地-人工混合土净化技术为主体的生态渗透过滤净化系统，将雨水通过人工混合土壤-绿地系统进行物理、物化、生化和植物吸收等多种作用使污染物得到去除。同时该设计根据企业生活区比厂区地形高的特点，并考虑将净化后雨水既可作为杂用水又可作为中水水源，所以将生活污水和生产废水处理构筑物以及雨水净化构筑物一起集中布置在厂区内。这样，经弃流后的生活区屋面雨水可由于重力作用流入渗滤池，并将渗滤池布置在雨水储存池上，既减少了占地，又美化了环境。该工艺能耗低、易管理，是一种经济有效的雨水生态净化工艺。

c. 砂滤-膜滤处理工艺。该处理工艺主要采用粒状滤料和膜滤相结合的物理法，可增强处理雨水水质的适应能力，还起到对膜滤的保护作用。该工艺处理效果稳定出水水质好，缺点是造价和处理成本较高，在非雨季时，膜处于停用状态会导致干燥失效，需用小流量水通过滤膜循环或拆除滤膜以化学药剂浸泡养护，从而增加了维护工作量。

上述三种雨水净化工艺都各有其优缺点。应根据雨水净化的有关资料和污水土地处理工艺的原理，选择合适的处理工艺。

4.2.5 绿化、景观用水子系统

（1）绿化用水要求

① 禁止或限制使用市政供水用于浇灌，尽可能使用收集的雨水、废水或经过小区处理的废水。

二维码 13 《雨水控制与
利用工程设计规范》

② 水中余氯的含量不低于 0.5mg/L，以清除臭味、黏膜及细菌。

③ 水质应达到用于灌溉的水质标准。

④ 采用喷灌时，SS（固体悬浮物）应小于 30mg/L，以防喷头堵塞。

（2）景观用水要求

① 根据小区地形特点，提出合理、美观的小区水景规划方案。

② 景观用水应设置循环系统，并应结合中水系统进行优化设计以保证水质。

③ 建立水景工程的池水、流水、喷水、涌水等设施。

④ 景观用水水质达到《再生水回用于景观水体的水质标准》和《景观娱乐用水水质标准》。

⑤ 为保护水生动物、避免藻类繁殖，水体应保持清澈、无毒、无臭、不含致病菌。为此当再生污水用作景观用水时，需进行脱氯及去除营养物处理。

4.2.6 节水器具、设施和绿色管材

（1）节水器具

优先选用符合《节水型生活用水器具标准》和当前国家鼓励发展的节水设备。

① 节水型水龙头。水龙头是应用范围最广、数量最多的一种盥洗洗涤用水器具，目前开发研制的节水型水龙头最大流量不大于 0.15L/s（水压 0.1MPa 和管径 15mm 下）。根据用水场合不同，分别选用延时自动关闭式、水力式、光电感应式、电容感应式、停水自动关闭式、脚踏、手压、肘动、陶瓷片防漏等水嘴。这些节水型水龙头都有较好的节水效果。在日本各城市普遍推广节水阀（节水皮垫），水龙头若配此种阀芯，安装后一般可节水 50% 以上。

② 节水型便器。家庭生活中，便器冲洗水量占全天用水量的 30%～40%，便器冲洗设备的节水是建筑节水的重点。除了利用中水做厕所冲洗水之外，目前已开发研制出许多种类的节水设备。美国研制的免冲洗（干燥型）小便器，采用高液体存水弯衬垫，无臭味，不用水，免除了用水和污水处理的费用，是一种有效的节水设备。还有一种带感应自动冲水设备的小便器，比一般设备日节水 13L。在瑞士及德国，公共卫生间的小便器几乎 100% 采用了这种设备。还有各种节水型大便器，如双冲洗水量坐便器，这种坐便器每次冲洗水量为 9L，而小便冲洗为 4.5L，节水效果显著。我国大、中城市住宅中严禁采用一次冲洗水量在 9L 以上的坐便器。

③ 淋浴器具。在生活用水中，淋浴用水占总用水量的 20%～35%。淋浴时因调节水温和不需水擦拭身体的时间较长，若不及时调节水量会浪费很多水。因此，淋浴节水很重要。现在研制使用的节水型淋浴器包括带恒温装置的冷热水混合栓式淋浴器，按设定好的温度开启扳手，既可迅速调节温度，又可减少调水时间。带定量停止水栓的淋浴器，能自动预先调好需要的冷热水量，如用完已设定好的水量，即可自动停水，防止浪费冷水和热水。淋浴器喷头最大流量不大于 0.15L/s（水压 0.1MPa 和管径 15mm 下）。改革传统淋浴喷头是改革淋浴器的方向之一。

④ 节水型用水家用电器（洗衣机、洗碗机）。洗衣机是家庭用水的另一大器具，今年欧盟公布的洗衣用水标准为：清洗 1kg 衣物的用水不得超过 12L，而市场上绝大多数国产品牌的洗衣机用水量均大大超过了这一标准，以普通 5kg 洗衣机为例，需要 150～175L 水，一

些所谓节水型洗衣机只不过是设置了少几个水位段,最低的水位段也在 17L 左右。青岛海尔公司是成功推出节水洗衣机的厂家,其生产的 XQG50-QY800 型洗衣机,每次洗衣只需 60L 水,达到了国际 A 级滚筒式洗衣机的用水量标准,其余的如超薄滚筒洗衣机 XQG50-ALS968TX 型及顶开式 XQG50-B628TX 型,也含有较高的节水技术,是适合家庭使用的节水型洗衣机。

(2)绿色管材

传统金属管材的致命弱点:易生锈、易腐蚀、易渗漏、易结垢。镀锌钢管被腐蚀后滋生各种微生物,污染自来水,一些发达国家已经立法禁止使用镀锌钢管作为饮用水输送管。

节水的前提是防止渗漏。漏损的最主要途径是管道,自来水管道漏损率一般都在 10% 左右。为了减少管道漏损,在管道铺设时要采用质量好的管材,并采用橡胶圈柔性接口。另外,还应加强日常的管道检漏工作。瑞士乔治费谢尔公司研制开发的聚丁烯(PB)管在建筑上的全面应用引起了人们的广泛关注。首先在材料上选用了化工产品中的尖端产品——聚丁烯(PB),具有耐高温、无渗漏、低噪声、保障卫生的优点,是世界上最先进的给水管材。连接方法有热熔、电熔和带 O 形圈的挤压式等,使其能够完美地连接在一起,而且极利于施工安装。这种管材已在西欧北美等国家得以广泛使用,节水效果显著。

绿色管材五大特性:安全可靠、经济、卫生、节能、可持续发展。

我国绿色管材主要有聚乙烯管(PE)、聚丙烯管(PT)、聚丁烯管(PB)、铝塑复合管(PAP),主要用于室内小口径建筑给水、辐射采暖等。

4.2.7 合理利用市政管网余压

合理利用市政管网的压力,直接供水,不仅可以减少投资、减少污染,还可以避免大量能源、水资源的浪费。具体做法为:合理进行竖向分区,平衡用水点的水压;采用并联给水泵分区,尽量减少减压阀的设置;推荐减压作为节能节水的措施,减小用水点的出水压力;合理设置生活水池的位置,尽量减小设置深度,以减少水泵的提升高度;优先考虑水池-水泵-水箱的联合供水方式;分区给水优先采用管网叠压供水等节能的供水技术,避免供水压力过高或压力骤变。

4.2.8 合理配置水表等计量装置

在适当的位置上设置计量装置如水表等,可以增强人们的节水意识、避免漏水损失。在计量设备的设置中,应注意下列问题:

① 在建筑物的引入管、住宅单元入户管、景观和灌溉用水以及公共建筑需计量的水管上均应设置水表,这样不仅有利于进行水量平衡分析,还可以找出漏水隐患。

② 提高水表计量的准确性,一方面应选择正规厂家的合格产品,另一方面应选择与计量范围相适应的水表。

③ 学生公寓、工矿企业的公共浴室的淋浴器应采用刷卡用水。

4.2.9 合理设计热水供应系统

目前,大多数集中热水供应系统存在严重的浪费现象,主要体现在开启热水装置后,不能及时获得满足使用温度的热水,而是要放掉部分冷水之后才能正常使用。这种浪费现象是设计、施工、管理等多方面原因造成的。为了尽量减少这部分无效冷水的量,要对现有定时供应热水的无循环系统进行改造,增设回水管;对新建建筑的热水供应系统应根据建筑性质及建筑标准选用支管循环或干管循环。同一幢建筑的热水供应系统,选用不同的循环方式其无效冷水量是不相同的。就节水效果而言，支管循环方式最优，立管循环方式次之；就浪费水量而言，无循环方式浪费水量最大，干管循环方式次之。而对局部热水供应系统在设计住宅厨房和卫生间位置时除考虑建筑功能和建筑布局外，应尽量减少其热水管线的长度，并进行管道保温。除此之外，还应选择适宜的加热和储热设备，在不同条件下满足用户对热水的水温、水量和水压要求，减少水量浪费。

此外，具备条件的，应当至少选择一种可再生能源（指风能、太阳能、水能、生物质能、地热能、海洋能等非化石能源）用于建筑物的热水供应，现在一些中小城市已普及推广太阳能热水导流系统。

4.2.10　真空卫生排水节水系统

真空卫生排水节水技术即为了保证卫生洁具及下水道的冲洗效果，在排水工程中用空气代替大部分水，依靠真空负压产生的高速气、水混合物，快速将洁具内的污水、污物冲洗干净，达到节约用水、排走污浊空气的效果。一套完整的真空排水系统包括：带真空阀和特制吸水装置的洁具、密封管道、真空收集容器、真空泵、控制设备及管道等。真空泵在排水管道内产生 $40\sim50kPa$ 的负压，将污水抽吸到收集容器内，再由污水泵将收集的污水排到市政下水道。在各类建筑中采用真空技术，平均节水超过 40%。若在办公楼中使用，节水率可超过 70%。

总之，要建立良好的绿色建筑水环境，必须合理地规划和建设小区水环境；提供安全、有效的供水系统及污水处理、回用系统，节约用水；建立完善的给水系统，提供供水水质符合卫生要求、水量稳定、水压可靠；建立完善的排水系统，确保排污通畅且不会污染环境。

当雨水和生活污水经处理后回用作为生活杂用水时，水质应达标。

4.3　节水与水资源利用评价标准

掌握绿色建筑节水评价标准。

4.3.1　控制项

① 应制订水资源利用方案，统筹利用各种水资源。
② 给排水系统设置应合理、完善、安全。
③ 应采用节水器具。

4.3.2　评分项

（1）节水系统
① 建筑平均日用水量满足现行国家标准《民用建筑节水设计标准》（GB 50555）中的节水用水定额的要求，评价总分值为 10 分，达到节水用水定额的上限值的要求，得 4 分；达到上限值与下限值的平均值要求，得 7 分；达到下限值的要求，得 10 分。
② 采取有效措施避免管网漏损，评价总分值为 7 分，按下列规则分别评分并累计：
a. 选用密闭性能好的阀门、设备，使用耐腐蚀、耐久性能好的管材、管件，得 1 分；

b. 室外埋地管道采取有效措施避免管网漏损，得 1 分；

c. 设计阶段根据水平衡测试的要求安装分级计量水表；运行阶段提供用水量计量情况和管网漏损检测、整改的报告，得 5 分。

③ 给水系统无超压出流现象，评价总分值为 8 分。用水点供水压力不大于 0.30MPa，得 3 分；不大于 0.20MPa，且不小于用水器具要求的最低工作压力，得 8 分。

④ 设置用水计量装置，评价总分值为 6 分，按下列规则分别评分并累计：

a. 按使用用途，对厨房、卫生间、绿化、空调系统、游泳池、景观等用水分别设置用水计量装置，统计用水量，得 2 分；

b. 按付费或管理单元，分别设置用水计量装置，统计用水量，得 4 分。

⑤ 公用浴室采取节水措施，评价总分值为 4 分，并按下列规则分别评分并累计：

a. 采用带恒温控制和温度显示功能的冷热水混合淋浴器，得 2 分；

b. 设置用者付费的设施，得 2 分。

（2）节水器具与设备

① 使用较高用水效率等级的卫生器具，评价总分值为 10 分。用水效率等级达到三级，得 5 分；达到二级，得 10 分。

② 绿化灌溉采用节水灌溉方式，评价总分值为 10 分，并按下列规则评分：

a. 采用节水灌溉系统，得 7 分；在此基础上设置土壤湿度感应器、雨天关闭装置等节水控制措施，再得 3 分。

b. 种植无需永久灌溉植物，得 10 分。

③ 空调设备或系统采用节水冷却技术，评价总分值为 10 分，并按下列规则评分：

a. 循环冷却水系统设置水处理措施；采取加大集水盘、设置平衡管或平衡水箱的方式，避免冷却水泵停泵时冷却水溢出，得 6 分。

b. 运行时，冷却塔的蒸发耗水量占冷却水补水量的比例不低于 80%，得 10 分。

c. 采用无蒸发耗水量的冷却技术，得 10 分。

④ 除卫生器具、绿化灌溉和冷却塔外的其他用水采用了节水技术或措施，评价总分值为 5 分。其他用水中采用了节水技术或措施的比例达到 50%，得 3 分；达到 80%，得 5 分。

（3）非传统水源利用

① 合理使用非传统水源，评价总分值为 15 分，并按下列规则评分：

a. 对于住宅、办公、商场、旅馆类建筑，根据其按下列公式计算的非传统水源利用率，或者其非传统水源利用措施，按表 4.4 所示的规则评分。

$$R_u = \frac{W_u}{W_t} \times 100\% \tag{4-1}$$

$$W_u = W_R + W_r + W_s + W_o \tag{4-2}$$

式中　R_u——非传统水源利用率，%；

　　　W_u——非传统水源设计使用量（设计阶段）或实际使用量（运行阶段），m^3/a；

　　　W_R——再生水设计利用量（设计阶段）或实际利用量（运行阶段），m^3/a；

　　　W_r——雨水设计利用量（设计阶段）或实际利用量（运行阶段），m^3/a；

　　　W_s——海水设计利用量（设计阶段）或实际利用量（运行阶段），m^3/a；

　　　W_o——其他非传统水源利用量（设计阶段）或实际利用量（运行阶段），m^3/a；

　　　W_t——设计用水总量（设计阶段）或实际用水总量（运行阶段），m^3/a。

注：式中设计使用量为年用水量，由平均日用水量和用水时间计算得出。实际使用量应通过统计全年水表计量的情况计算得出。式中用水量计算不包含冷却水补水量和室外景观水体补水量。

表 4.4　非传统水源利用率评分规则

建筑类型	非传统水源利用率		非传统水源利用措施				得分
	有市政再生水供应	无市政再生水供应	室内冲厕	室外绿化灌溉	道路浇洒	洗车用水	
住宅	8.0%	4.0%	—	●○	●	●	5分
	—	8.0%		○	○	○	7分
	30.0%	30.0%	●○	●○	●○	●○	15分
办公	10.0%	—		●	●	—	5分
	—	8.0%		○	○	●	10分
	50.0%	10.0%	●	●○	●○	●	15分
商业	3.0%	—		●	●	●	2分
	—	2.5%		○	○	●	10分
	50.0%	3.0%	●	●○	●○	●	15分
旅馆	2.0%	—		●	●	—	2分
	—	1.0%		○	—	—	10分
	12.0%	2.0%	●	●○	●○	●	15分

注："●"为有市政再生水供应时的要求；"○"为无市政再生水供应时的要求。

b. 对于其他类型建筑，按下列规则分别评分并累计：

绿化灌溉、道路冲洗、洗车用水采用非传统水源的用水量占其总用水量的比例不低于 80%，得 7 分；

冲厕采用非传统水源的用水量占其用水量的比例不低于 50%，得 8 分。

② 冷却水补水使用非传统水源，评价总分值为 8 分，根据冷却水补水使用非传统水源的量占总用水量的比例按表 4.5 所示的规则评分。

表 4.5　冷却水补水使用非传统水源的量占总用水量比例评分规则

冷却水补水使用非传统水源的量占总用水量比例 R_{nt}	得分
$10\% \leqslant R_{nt} < 30\%$	4
$30\% \leqslant R_{nt} < 50\%$	6
$R_{nt} \geqslant 50\%$	8

二维码 14　场地年径流总量控制率计算

③ 结合雨水利用设施进行景观水体设计，景观水体利用雨水的补水量大于其水体蒸发量的 60%，且采用生态水处理技术保障水体水质，评价总分值为 7 分，按下列规则分别评分并累计：

a. 对进入景观水体的雨水采取控制面源污染的措施，得 4 分；

b. 利用水生动、植物进行水体净化，得 3 分。

📖 项目实训

（1）实训内容

进行建筑节水工程的设计实训（指导教师选择一个真实的工程项目或学校实训场地，带学生实训操作），熟悉建筑节水工程的基本知识，从节水设计、节水材料和设备、节水效果分析等方面进行全过程模拟训练，熟悉建筑节水工程技术要点和国家相应的规范要求。

（2）实训目的

通过课堂学习结合课下实训使学生熟练掌握建筑节水工程技术和国家相应的规范要求，

提高学生进行建筑节水工程技术应用的综合能力。

（3）实训要点

① 让学生通过对建筑节水工程技术的运行与实训，加深对建筑节水工程国家标准的理解，掌握建筑节水工程设计要点，进一步加强对专业知识的理解。

② 分组制订计划与实施。培养学生团队协作的能力，掌握建筑节水工程技术和获取经验。

（4）实训过程

① 实训准备要求

a. 做好实训前相关资料查阅，熟悉建筑节水工程有关的规范要求。

b. 准备实训所需的工具与材料。

② 实训要点

a. 实训前做好交底。

b. 制订实训计划。

c. 分小组进行，小组内部分工合作。

③ 实训操作步骤

a. 按照建筑节水要求，选择建筑节水方案。

b. 进行建筑节水方案设计。

c. 进行建筑节水性能分析。

d. 做好实训记录和相关技术资料整理。

e. 进行小组互评和最终评定。

④ 教师指导点评和疑难解答。

⑤ 实地观摩。

⑥ 进行总结。

（5）实训项目基本步骤表

步骤	教师行为	学生行为
1	交代工作任务背景，引出实训项目	①分好小组 ②准备实训工具、材料和场地
2	布置建筑节水工程实训应做的准备工作	
3	使学生明确建筑节水工程设计实训的步骤	
4	学生分组进行实训操作，教师巡回指导	完成建筑节水工程实训全过程
5	结束指导点评实训成果	自我评价或小组评价
6	实训总结	小组总结并进行经验分享

（6）实训小结

项目：			指导老师：
项目技能	技能达标分项		备注
建筑节地工程	①方案完善　　　　　得0.5分 ②准备工作完善　　　得0.5分 ③设计过程准确　　　得1.5分 ④设计图纸合格　　　得1.5分 ⑤分工合作合理　　　得1分		根据职业岗位所需、技能需求，学生可以补充完善达标项
自我评价	对照达标分项　　　得3分为达标 对照达标分项　　　得4分为良好 对照达标分项　　　得5分为优秀		客观评价

续表

项目：		指导老师：
项目技能	技能达标分项	备注
评议	各小组间互相评价 取长补短，共同进步	提供优秀作品观摩学习

自我评价＿＿＿＿＿＿＿＿＿＿　　　　　　　个人签名＿＿＿＿＿＿＿＿＿＿＿＿＿

小组评价　达标率＿＿＿＿＿＿＿＿　　　　　组长签名＿＿＿＿＿＿＿＿＿＿＿＿＿

　　　　　良好率＿＿＿＿＿＿＿＿

　　　　　优秀率＿＿＿＿＿＿＿＿

　　　　　　　　　　　　　　　　　　　　　　　　　　　　年　　月　　日

小 结

　　地球上的水资源，从广义上来说是指水圈内水量的总体，包括经人类控制并直接可供灌溉、发电、给水、航运、养殖等用途的地表水和地下水，以及江河、湖泊、井、泉、潮汐、港湾和养殖水域等；从狭义上来说是指逐年可以恢复和更新的淡水量。水资源是发展国民经济不可缺少的重要自然资源。节约用水、高效用水是缓解水资源供需矛盾的根本途径。

　　建筑用水包括室内给水排水系统、室外给水排水系统、雨水系统、景观水体、绿地和道路用水等。规划时，应结合所在区域总体水资源和水环境规划，采取高质高用、低质低用原则，充分利用其他水资源（雨水、生活污水），按照相关标准处理后回收再利用。

　　日常生活中，用水目的不同，水质要求也不同。在绿色建筑体系中，分质供排水是水环境系统供排水原则。

　　民用建筑或建筑小区使用后的各种排水（包括冷却排水、沐浴排水、盥洗排水、洗衣排水、厨房排水等）经适当处理后回收用于建筑或建筑小区作为杂用（绿化、洗车、浇洒路面、厕所便器、拖布池等）的供水系统。

　　雨水子系统包括雨水直接利用和雨水间接利用。雨水直接利用是指将雨水收集后，经沉淀、过滤、消毒等处理工艺后，用于生活杂用水，如洗车、绿化、水景补水等，或将径流引入小区中水处理站作为中水水源之一。

　　绿化景观用水尽可能使用收集的雨水、废水或经过小区处理的废水。

　　绿色建筑应优先选用符合《节水型生活用水器具标准》和当前国家鼓励发展的节水设备。

　　绿色建筑节水与水资源利用评价标准包括控制项和评分项。

习 题

1. 什么是水资源？地球上的水资源有哪些？
2. 我国水资源现状如何？
3. 如何科学制订合理用水规划？
4. 建筑物如何分质供排水？
5. 中水系统的设计原则有哪些？
6. 雨水收集及处理工艺有哪些？
7. 绿化和景观用水有哪些要求？
8. 节水器具和绿色管材有哪些？
9. 绿色建筑节水评价标准包括哪些内容？

5

节材与材料资源利用

内容提要

本单元以建筑节材为对象，主要讲述绿色材料的概念与内涵、常用绿色建筑材料产品、节材与材料资源利用评价标准等内容，并在实训环节提供建筑节材专项技术实训项目，作为本教学单元的实践训练项目，以供学生训练和提高。

技能目标

• 通过对绿色材料的概念与内涵的学习，巩固已学的相关建筑材料的基本知识，了解绿色建材的概念、内涵、特征、应满足的性能以及绿色建材评价方法及选用原则。

• 通过对常用绿色建筑材料产品的学习，要求学生掌握生态水泥、绿色混凝土、加气混凝土砌块、保温材料、自保温墙体、生态玻璃和绿色涂料等常用绿色建筑材料。

• 通过对绿色建筑节材与材料资源利用评价标准的学习，要求学生掌握绿色建筑节材的评价标准。

本单元是为了全面训练学生对节材与材料资源利用的掌握能力，检查学生对节材与材料资源利用内容知识的理解和运用程度而设置的。

项目导入

建筑材料是建筑的基础，又是建筑的灵魂。即使有再开阔的思路、再玄妙的设计，建筑也必须通过材料这个载体来实现。我国建材工业的主要产品——水泥、玻璃、陶瓷、黏土砖的产量世界第一，建材工业能耗占全国社会终端总能耗的16%。绿色建筑关键技术中的"居住环境保障技术""住宅结构体系与住宅节能技术""智能型住宅技术""室内空气与光环境保障技术""保温、隔热、防水技术"都与绿色建材有关。将绿色建材的研究、生产和高效利用能源技术与各种新的绿色建筑技术的研究密切结合起来是未来建筑的发展趋势。

5.1 绿色材料的概念与内涵

学习目标

了解绿色材料的基本概念、涵义和重要性，掌握绿色建材评价方法及选用原则。

5.1.1 绿色材料的基本概念

绿色建筑材料是指采用清洁生产技术，不用或少用天然资源和能源，大量使用工农业或城市固态废物生产的无毒害、无污染、无放射性，达到使用周期后可回收利用，有利于环境保护和人体健康的建筑材料。

绿色建筑材料的界定不能仅限于某个阶段，而必须采用涉及多因素、多属性和多维的系统方法，必须综合考虑建筑材料的生命周期全过程各个阶段。

5.1.2 绿色建材应满足的性能

① 节约资源。材料使用应该减量化、资源化、无害化，同时开展固体废物处理和综合利用技术。

② 节约能源。在材料生产、使用、废弃以及再利用等过程中耗能低，并且能够充分利用绿色能源，如太阳能、风能、地热能和其他再生能源。

③ 符合环保要求，降低对人类健康及其生活环境的危害。材料选用尽量天然化、本地化，选用无害无毒且可再生、可循环的材料。

5.1.3 绿色建材的内涵

① 利用新型材料取代传统建材。如利用新型墙体材料取代实心黏土砖等高能耗建材。

② 考虑材料全寿命周期和使用过程（装饰装修材料）中的差别。在"原料采集—生产制造—包装运输—市场销售—使用维护—回收利用"各环节中都符合低能耗、低资源和对环境无害化要求。

5.1.4 绿色建材与传统建材的区别

从资源和能源的选用上看，绿色建材生产所用原料尽可能少用天然资源，大量使用尾矿、废渣、垃圾、废液等废弃物。

从生产技术上看，绿色建材生产采用低能耗制造工艺和不污染环境的生产技术。

从生产过程上看，绿色建材在产品配置或生产过程中，不使用甲醛、卤化物溶剂或芳香烃；产品中不得含有汞及其化合物，不得使用含铅、镉、铬及其化合物的颜料和添加剂；尽量减少废渣、废气以及废水的排放量，或使之得到有效的净化处理。

从使用过程上看，绿色建材产品的设计是以改善生活环境、提高生活质量为宗旨，即产品不仅不损害人体健康，而且应有利于人体健康。产品拥有多功能化的特征，如抗菌、灭菌、防毒、除臭、隔热、阻燃、防火、调温、调湿、消声、消磁、防辐射和抗静电等。

从废弃过程上看，绿色建材可循环使用或回收再利用，不产生污染环境的废弃物。

5.1.5 绿色建材特征

① 以低资源、低能耗、低污染为代价生产的高性能传统建筑材料，如用现代先进工艺和技术生产的高质量水泥。

② 能大幅降低建筑能耗（包括生产和使用过程中的能耗）的建材制品，如具有轻质、高强、防水、保温、隔热、隔声等功能的新型墙体材料。

③ 有更高使用效率和优异材料性能，从而能降低材料消耗的建筑材料，如高性能水泥混凝土、轻质高强混凝土。

④ 具有改善居室生态环境和保健功能的建筑材料，如抗菌、除臭、调温、调湿、屏蔽有害射线的多功能玻璃、陶瓷、涂料等。

⑤ 能大量利用工业废弃物的建筑材料，如净化污水、固化有毒有害工业废渣的水泥

材料。

5.1.6 绿色建材评价方法及选用原则

（1）评价体系

① ISO 14000 体系认证（世界上最为完善和系统的环境管理国际标准），由环境管理体系、环境行为体系、生命周期评价、环境管理、产品标准中的环境因素等组成。

② 环境标志产品认证（质量优、环境行为优）。

③ 国家相关认证体系（节能门窗、绿色装饰材料等）。

（2）评价方法

① 单因子评价。利用实测数据和标准对比分类，选取最差结果的类别即为评价结果。

② 复合评价。运用多个指标对多个参评单位进行评价的方法，称为多变量综合评价方法，或简称综合评价方法。其基本思想是将多个指标转化为一个能够反映综合情况的指标来进行评价。

（3）评价内容

绿色建材评价内容包括依据标准、资源消耗、能源消耗、生产环境影响、清洁生产、本地化、使用寿命、洁净施工、环境影响、再生利用性等。

（4）选用原则

① 对各种资源，尤其是非再生资源的消耗尽可能低。

② 尽可能使用生产能耗低、可以减少建筑能耗以及能够充分利用绿色能源的建筑材料。

③ 尽可能选用对环境影响小的建筑材料。

④ 尽可能就近取材，减少运输过程中的能耗和环境污染。

⑤ 提高旧建材的使用率。

⑥ 严格控制室内环境质量，做到有害物质零排放。

5.2 常用的绿色建材产品

学习目标

掌握生态水泥、绿色混凝土等常用的绿色建材产品的性能、特点及应用。

5.2.1 生态水泥

水泥是主要的建筑材料。生产 1t 水泥熟料约需 1.1t 石灰石，烧成、粉碎需约 105kg 煤。与此同时，分解 1.1t 石灰石，排放 0.49t CO_2。减少水泥用量或改用生态水泥（eco-cement）对节能减排具有重要的意义。

（1）生态水泥的概念

生态水泥是以城市垃圾焚烧灰和废水中污泥等废弃物为主要原料，添加其他辅料烧制而成的新型水泥或利用工业废料生产的水泥。生态水泥主要是指在生产和使用过程中尽量减少对环境影响的水泥。

（2）生态水泥的类型

生态水泥分为普通生态水泥和快硬生态水泥两种。普通生态水泥具有和普通水泥相同的质量，作为预搅拌混凝土，广泛应用于钢筋混凝土结构和以混凝土产品为主的地基改善材料等。快硬生态水泥则是一种比早强水泥凝固速度更快的水泥，具有发挥早期强度的特点，可利用于无钢筋混凝土领域。生态水泥按照水泥成分组成可分为粉煤灰硅酸盐水泥、矿渣硅酸盐水泥、垃圾焚烧与水泥煅烧结合型水泥等。

① 粉煤灰硅酸盐水泥。粉煤灰是火力发电厂燃煤粉锅炉排出的废渣。

② 矿渣硅酸盐水泥。由硅酸盐水泥熟料和粒化高炉矿渣、适量石膏磨细制成的水硬性胶凝材料称为矿渣硅酸盐水泥。

③ 垃圾焚烧与水泥煅烧结合型水泥。在利用垃圾可燃热量的同时以焚烧灰作为原料的生产技术。该技术不仅替代部分燃料，还将垃圾燃烧后产生的灰渣作为水泥原料加以利用。

（3）生态水泥的特点

① 其生产所用原料尽可能少用天然资源，大量使用尾矿、废渣、垃圾、废液等废弃物。

② 生产和使用过程中有利于保护和改造自然环境、治理污染。

③ 可使废弃物再生资源化并回收利用。

④ 产品设计以改善生活环境、提高生活质量为宗旨，即产品不但不危及人体健康，而且应有益于人体健康。产品具有多功能化，如阻燃、防火、调温、调湿、消声、防射线等。

⑤ 具有良好的使用性能，满足各种建设的需要，生态水泥从材料设计、制备、应用直至废弃物处理，全过程都与生态环境相协调，都以促进社会和经济的可持续发展为目标。

（4）生态水泥生产的技术关键

① 作为代用原料的废弃物由于化学成分不稳定，因此离散性大。如何得到成分均匀、质量稳定的入窑生料是整个工序的关键。

对此的解决方法是：加强原料的预均化和生料的均化，使废弃物成分波动在允许的范围内；作为代用燃料的废弃物，应注意废弃物的投入方式和投入时间、位置，以确保废弃物的完全燃烧。

② 固体废弃物中可能含有高浓度的氯和极少量的有毒有害物质，如何分离、除去、封存这些物质是整个生产工艺是否成功的关键。

对此，在生态水泥生产过程中必须严格限制排放物中 NO_x、SO_x、HCl、二噁英及其他有毒有害物质的含量；若原料中氯含量较高，宜将原料直接投入回转窑中煅烧或对预分解窑采用旁路放风措施处理；废弃物带进的二噁英在高于 800℃ 的温度下完全分解，窑尾废气应采用冷却塔快速冷却至 250℃ 以下，以防止在 250～350℃ 时二噁英重新生成。

③ 由于固体废弃物中常含有重金属成分，如 Pb、Zn、Cu、Cr、As 等，为从窑灰中回收这些重金属，必要时须在工艺线上增设金属回收工艺。

（5）生态水泥的用途

早前生态水泥由于其中氯离子含量太高而使它的使用范围大受限制，但是自从日本研究人员将其中氯离子含量降到 0.1% 以下后，生态水泥能像普通水泥一样广泛地用作建造房屋、道路、桥梁的混凝土，工作和使用性能没有差别。

① 用于制混凝土 生态水泥用作混凝土时，因为属于快硬水泥，为了便于施工，必须添加缓凝剂。生态水泥混凝土的水灰比与抗压强度的关系和普通混凝土一样，是直线关系。特别是在灰水比比较大时，强度增长快。由于生态水泥中含有 Cl 元素，容易引起钢筋锈蚀，因此一般用于素混凝土中，还可与普通混凝土混合使用。可用作道路混凝土、水坝用混凝土、消波块、鱼礁块等海洋混凝土、空心砌块或密实砌块，还可用来做木片水泥板等纤维制品。

② 用作地基改良用固化剂 湿地或者沼地等软弱地基改良中，可用生态水泥作为固化剂。经实验处理过的土壤早期强度良好，完全适于加固土壤。

（6）国内外生产生态水泥的情况

① 国外生产生态水泥情况　发达国家利用水泥窑焚烧危险废弃物已有 30 余年的历史，美国、欧盟、日本等发达国家和地区采用高新技术，利用工业废弃物替代天然的原料和燃料，生产出达到质量标准并符合环保要求的生态水泥，已有比较成熟的经验。

② 我国生产生态水泥的情况　我国在废物衍生燃料方面也做过不少工作。上海建材集团总公司所属的万安企业总公司利先灵葆制药有限公司对生产氟洛氖过程中产生的废氟洛氖溶液（一种有害废物）进行了替代部分燃料生产水泥的实验。北京建材集团公司所属北京水泥厂利用树脂渣、废漆渣、有机废溶液、油墨渣等 4 种比较有代表性的工业有机废弃物在本厂 2000t/d 熟料新型干法窑上进行了焚烧试验。

5.2.2　绿色混凝土

混凝土是当今世界上应用最广泛、用量最大的工程材料，然而在许多国家中混凝土面临着耐久性不良的严重问题，甚至一些发达国家的重要混凝土结构如大坝、轨枕和桥梁在没有达到使用寿命前就已严重劣化，不得不花巨资进行维修或重建，仅美国每年用于混凝土的维修或重建费用就高达几百亿美元。因材质劣化引起混凝土结构开裂破坏甚至崩塌事故屡屡发生，其中水工、海工建筑与桥梁尤为多见。1980 年 3 月 27 日北海 Stavanger 近海钻井平台 AlexanderKjell 号突然破坏，导致 123 人死亡。切尔诺贝利核电站的泄漏造成大面积发射性污染，生态环境遭受了严重破坏。在日本海沿岸，许多港湾建筑、桥梁建成后不到 10 年便见混凝土表面开裂、剥落、钢筋外露，其主要原因是碱骨料反应。在北京三元里立交桥桥墩建成后不到两年就发生"人字形"裂纹，许多专家认为是碱骨料反应所致。在天津也有类似的情况发生。更严重的是在 1987 年山西大同的混凝土水塔突然破坏，水如山洪暴发一样冲下，造成很大的人员伤亡和财产破坏。

种种事件说明作为主要的结构材料，混凝土耐久性的重要性不亚于强度，设计人员只重视强度而忽视耐久性的状况到了该改变的时候了。我国正处于经济高速发展时期，许多耗资巨大的重要建筑如大量高层超高层建筑、各类大坝以及海洋钻井平台、跨海大桥、压力容器等对耐久性有更高的要求，如何保证这些重大结构工程耐久性是混凝土工程界普遍关注的焦点。

绿色混凝土应具有比传统混凝土更高的强度和耐久性，可以实现非再生性资源的可循环使用和有害物质的最低排放，既能减少环境污染，又能与自然生态系统协调共生。

（1）绿色高性能混凝土

高性能混凝土（high performance concrete）的研究是当今土木工程界最热门的课题之一。1990 年 5 月美国国家标准与技术研究院（NIST）与美国混凝土协会（ACI）召开会议，首先提出高性能混凝土（HPC）这个名词，认为 HPC 是同时具有某些性能的匀质混凝土，必须采用严格的施工工艺与优质原材料，配制成便于浇捣、不离析、力学性能稳定、早期强度高，并具有韧性和体积稳定性的混凝土；特别适合于高层建筑、桥梁以及暴露在严酷环境下的建筑物。

绿色高性能混凝土是在大幅度提高常规混凝土性能的基础上，选用优质原材料，在妥善的质量管理的条件制成的。除了水泥、水、集料以外，高性能混凝土采用低水胶比和掺加足够的细掺料及高效外加剂。

绿色高性能混凝土用大量工业废渣作为活性细掺料代替大量熟料。绿色高性能混凝土不是熟料水泥而是将磨细水淬矿渣和分级优质粉煤灰、硅灰等或它们的复合作为胶凝材料的主要组分，生产这种与环境相容的胶凝材料。

高性能混凝土应同时保证下列诸性能：耐久性、工作性、各种力学性能、适用性、体积稳定性和经济合理性。

最早提出绿色高性能混凝土（GHPC）的是吴中伟教授。绿色高性能混凝土的提出在于加强人们对资源、能源和环境的重视，要求混凝土工作者更加自觉地提高 HPC 的绿色含量或者加大其绿色度，节约更多的资源、能源，将对环境的影响减到最小，这不仅是为了混凝土和建筑工程的持续健康发展，更是人类的生存和发展所必需的。一般认为真正的绿色高性能混凝土应符合以下条件。

① 所使用的水泥必须为绿色水泥。此处的绿色水泥是针对绿色水泥工业来说的。绿色水泥工业是指将资源利用率和二次能源回收率均提高到最高水平，并能够循环利用其他工业的废渣和废料；技术装备上更加强化了环境保护的技术和措施；粉尘、废渣和废气等的排放几乎接近于零，真正做到不仅自身实现零污染、无公害，又因循环利用其他工业的废料、废渣，而帮助其他工业进行三废消化，最大限度地改善环境。

② 最大限度地节约水泥熟料用量，从而减少水泥生产中的"副产品"——二氧化碳、二氧化硫、氧化氮等气体，以减少环境污染。我国水泥产量世界第一，而全世界水泥产量从1998 年的 13 亿吨增加到 2010 年的 18 亿吨，则世界水泥工业增加到大气层中的 CO_2 量高达150 亿吨。各国已规定 CO_2 排放限量，水泥工业的发展必将受到限制，水泥产量不能再增加了！必须积极改变品种和工艺以降低能耗。GHPC 中磨细工业废渣最多可达 60%～80%（而不是水泥熟料），成为最大的胶凝组分，既能满足 HPC 的全部性能要求，又能大幅度减少熟料用量，这将是一条主要出路。

③ 更多地掺加经过加工处理的工业废渣，如磨细矿渣、优质粉煤灰、硅灰和稻壳灰等作为活性掺合料，以节约水泥，保护环境，并改善混凝土耐久性。用于混凝土的工业废渣主要有 3 类：

a. 水淬矿渣（slag）。我国年产矿渣约 8000 万吨，已大部用作水泥混合材，但细度粗，活性未充分利用，因而造成水泥强度低、矿渣掺量小。近年来日本对将超细磨矿渣用于混凝土进行了较系统的研究，代替水泥可高达 50%～80%，并取得流动性、耐久性、后期强度等性能的明显改善，已成为 HPC 的有效组分。

b. 优质粉煤灰（fly ash）。1985 年加拿大能源矿产部开发的高掺量粉煤灰混凝土（HF-CC），也包括用于结构中的 HPC，其中粉煤灰占胶凝材料总量的 55%～60%，改变了几十年以来的粉煤灰代替水泥掺量不超过 25%的传统作法（目前我国一些规范标准还都有此限制）。我国粉煤灰排量增加迅速，1995 年已超过 1.25 亿吨，其中不少优质粉煤灰适于制作HPC，例如内蒙古赤峰元宝山电厂优质灰超过我国 1 级灰标准，已大量用于北京首都国际机场航站楼等重要结构工程。

c. 硅粉（silica fume）。硅粉是硅铁合金厂在冶炼硅铁合金时从烟层中收集的飞灰。我国硅灰产量为 3000～4000t/a，其细度极高，对混凝土的增强效果极好，但因量少而价高，故一般只用于有特殊要求的工程中。但是用少量硅粉与矿渣或粉煤灰复合，不仅能够增加复合细掺料的取代水泥量，增加 GHPC 的早期强度与多种性能，还具有提高工作性、体积稳定性、耐久性、降低温升等效果，这种因复合带来的超叠加效应，值得特别重视。

④ 大量应用以工业废液尤其是黑色纸浆废液为原料制造的减水剂，以及在此基础上研制的其他复合外加剂，帮助造纸工业消化处理难以治理的废液排放污染江河的问题。

⑤ 集中搅拌混凝土和大力发展预拌商品混凝土，消除现场搅拌混凝土所产生的废料、粉尘和废水，并加强对废料和废水的循环使用。

⑥ 发挥 HPC 的优势，通过提高强度、减小结构截面积或结构体积，减少混凝土用量，从而节约水泥、砂、石的用量；通过改善和易性来改善浇注密实性能，降低噪声和能耗；通

过大幅度提高混凝土耐久性，延长结构物的使用寿命，进一步节约维修和重建费用，减少对自然资源无节制的使用。

⑦ 砂石料的开采应该以十分有序且不过分破坏环境为前提。积极利用城市固体垃圾，特别是拆除的旧建筑物和构筑物的废弃物混凝土、砖、瓦及废物，以其代替天然砂石料，减少砂石料的消耗，发展再生混凝土。

（2）再生骨料混凝土

① 再生混凝土的概念　再生混凝土的概念是随着社会的发展而发展的。随着人们可持续发展观念的增强与科学技术的发展，越来越多的固体垃圾能被循环利用。用于生产再生骨料的材料除废弃混凝土外，还有碎砖、瓦、玻璃、陶瓷、炉渣、矿物垃圾、石膏等。可见，经特定处理、破碎、分级并按一定的比例混合后，形成的以满足不同使用要求的骨料就是再生骨料（recycled aggregate）。而以再生骨料配制的混凝土称为再生骨料混凝土（recycled aggregate concrete），简称再生混凝土（recycled concrete）。我国规范规定：在配制过程中掺用了再生骨料，且再生骨料占骨料总量的质量百分比不低于30%的混凝土称为再生混凝土。

二维码 15　再生骨料透水混凝土应用技术规程

我国20世纪50年代所建成的混凝土工程已使用五六十年，许多工程都已经损坏，随着结构的破坏，许多建筑物都需要修补或拆除，而在大量的建筑废料中相当一部分都是可以再生利用的。

如果将拆除下来的建筑废料进行分选，制成再生混凝土骨料，用到新建筑物的重建上，不仅能够根本上解决大部分建筑废料的处理问题，还能同时减少运输量和天然骨料使用量。

② 再生混凝土的性能　再生骨料与天然骨料相比，孔隙率大、吸水性强、强度低，因此再生骨料混凝土与天然骨料配置的混凝土的特性相差较大，这是应用再生骨料混凝土时需要注意的问题。再生混凝土具有以下性能。

a. 与天然骨料相比，再生粗骨料的堆积密度、表观密度均低于天然粗骨料，而相应的空隙率和吸水率均比天然粗骨料的大。再生骨料强度即压碎指标比天然骨料的稍大，表面粗糙度大，这些都是由于再生骨料中含有大量的老水泥砂浆，且存在微裂缝的缘故。因此，在制备再生混凝土时，应特别注意再生骨料的高吸水率问题，否则会影响再生混凝土的生产、使用及物理力学性能。

b. 在普通成形工艺条件下，采用42.5普通硅酸盐水泥与建筑垃圾再生粗骨料、天然砂细骨料或用矿渣代替部分细骨料、高效减水剂，通过合理的配合比设计可配制出和易性良好的中等强度再生骨料混凝土。再生骨料混凝土抗压强度试验的极差分析表明：水灰比和再生骨料取代率是影响再生混凝土抗压强度的最显著因素，随着水灰比的增大，混凝土的强度下降；再生混凝土的坍落度和强度随再生粗骨料掺量的增大而降低；在水灰比相同的情况下，随着外加剂掺量的增加，再生混凝土的强度提高。

c. 在相同的水灰比（W/C）条件下，随着再生骨料取代率增加，混凝土的坍落度逐渐变小。再生骨料表面粗糙、孔隙率高、吸水率大而明显影响了新拌混凝土的和易性。在混凝土配料组成中，用粉煤灰等量取代水泥可明显改善新拌混凝土的和易性。高效减水剂可以显著地改善再生混凝土的流动性，而矿物外加剂能较好地改善再生混凝土黏聚性和保水性。随再生骨料取代量的增加，混凝土的坍落度损失的幅度逐渐增大，这与再生骨料表面吸水需要一定时间达到平衡有密切的关系。再生骨料混凝土的初始流动度和坍落度损失与再生骨料的含水状态有关。

　　d. 再生混凝土耐久性的好坏与再生骨料的取代率、自身性质、水灰比和添加料等因素有关。再生混凝土的抗碳化性、抗冻融性、抗渗性及氯离子渗透性、抗硫酸盐侵蚀性均较普通混凝土弱，主要是由于再生骨料含有很多裂缝与水泥附浆、孔隙率和吸水率较高。可以通过减小再生骨料的最大粒径及强化、二次搅拌方法、降低水灰比、采用半饱和面干状态的再生骨料、掺加粉煤灰或矿渣等活性掺和料以及添加外加剂等措施得到提高，达到高性能的要求。

　　（3）再生混凝土制品

　　再生混凝土制品是以水泥为主要胶凝材料，在生产过程中采用了再生骨料，且再生骨料占固体原材料总量的质量百分比不低于30％的墙体砌筑材料。再生混凝土制品分为再生实心砌块和再生多孔砌块。再生实心砌块主规格尺寸为 240mm×115mm×53mm；再生多孔砌块主规格尺寸为 240mm×115mm×90mm。其他规格尺寸例如 190mm×190mm×90mm等可由供需双方协商确定。再生混凝土砌块按照抗压强度可分为 RMU10、RMU15、RMU20、RMU25、RMU30 五个强度等级。再生实心砌块的抗冻性能、抗渗性能要好于再生多孔砖，经过工程验证，再生实心砌块可代替烧结普通砖用于工业与民用建筑的基础；再生多孔砌块可用于工业和民用建筑墙体，但一般不用于±0.000m 以下标高的基础和墙体。

　　再生混凝土制品具有废物利用、绿色环保、机制生产、尺寸灵活，设计性好、强度高、价格低廉、施工简便快捷等特点，是建筑垃圾作为原材料进行循环再利用的新一代绿色建材产品，其主要技术优势如下：

　　① 废物利用，节能环保：利用再生混凝土制品技术每年可减少损毁农田上千亩。

　　② 机制生产，减少污染：可利用普通黏土砖、多孔砖、粉煤灰砌块等模具机制生产，节约燃料和减少碳排放。

　　③ 尺寸随机，适应性强：有标准化产品，亦可根据供需双方协商设计专用尺寸。

　　④ 强度高：强度高于粉煤灰和加气混凝土砌块，可用于承重结构。

　　⑤ 就地取材，价格低廉：建筑垃圾可就地取材，手工或简易机械就能生产，快捷、便宜。

　　⑥ 施工快捷：可利用传统砌筑工艺施工，方便快捷。

　　⑦ 情感再生：可用于灾后重建，在精神和情感方面进行"再生"。

　　（4）环保型混凝土

　　多孔混凝土也称为无砂混凝土，它具有粗骨料，没有细骨料，直接用水泥作为黏结剂连接粗骨料，其透气和透水性能良好，连续空隙可以作为生物栖息繁衍的地方，而且可以降低环境负荷，是一种新型的环保材料。

　　植被混凝土则是以多孔混凝土为基础，然后通过在多孔混凝土内部的孔隙加入各种有机、无机的养料来为植物提供营养，并且加入了各种添加剂来改善混凝土内部性质，使得混凝土内部的环境适合植物生长，另外还在混凝土表面铺了一层混有种子的客土，提供种子早期需要的营养。

　　透水性混凝土与传统混凝土相比，透水性混凝土最大的特点是具有 15％～30％的连通孔隙，具有透气性和透水性，将这种混凝土用于铺筑道路、广场、人行道等，能扩大城市的透水、透气面积，改善行人、行车的舒适性和安全性，减少交通噪声，对调节城市空气的温度和湿度调节具有重要作用。

　　透水水泥混凝土是指空隙率为 15％～25％的混凝土，也称作无砂混凝土。随着人类对改善生态环境、保护家园越来越重视，透水水泥混凝土也正在获得越来越多的应用。透水水泥混凝土特别适合用于城市公园、居民小区、工业园区、体育场、学校、医院、停车场等的地面和路面。因为，采用透水水泥混凝土具有下列优点：

二维码 16　海绵城市
建设技术指南

① 增加城市可透水、透气面积，加强地表与空气的热量和水分交换，调节城市气候，降低地表温度，有利于缓解城市"热岛现象"，改善地面植物和土壤微生物的生长条件和调整生态平衡。

② 充分利用雨雪降水，增大地表相对湿度，补充城区日益枯竭的地下水资源，发挥透水性路基的"蓄水池"功能。

③ 能够减轻降雨季节道路排水系统的负担，明显降低暴雨对城市水体的污染。

④ 吸收车辆行驶时产生的噪声，创造安静舒适的生活和交通环境，雨天防止路面积水和夜间反光。

⑤ 具有良好的耐磨性和防滑性，有效地防止行人和车辆打滑，改善车辆行驶及行人的舒适性与安全性。

⑥ 冬天不会在路面形成黑冰（由霜雾形成的一层几乎看不见的薄冰，极危险），提高了车辆、行人的通行舒适性与安全性。

⑦ 大量的空隙能吸附城市污染物粉尘，减少扬尘污染。

⑧ 可以根据环境及功能需要设计图案、颜色，充分与周围环境相结合。

5.2.3　加气混凝土砌块

（1）定义

加气混凝土是以硅质材料（砂、粉煤灰及含硅尾矿等）和钙质材料（石灰、水泥）为主要原料，掺加发气剂（铝粉），通过配料、搅拌、浇注、预养、切割、蒸压、养护等工艺过程制成的轻质多孔硅酸盐制品。因其经发气后含有大量均匀而细小的气孔，故名加气混凝土。

（2）类型

加气混凝土按形状，可分为各种规格砌块或板材。

加气混凝土按原料，基本有三种：水泥、石灰、粉煤灰加气砖；水泥、石灰、砂加气砖；水泥、矿渣、砂加气砖。

加气混凝土按用途，可分为非承重砌块、承重砌块、保温块、墙板与屋面板五种。

加气混凝土的特性：加气混凝土容重轻、保温性能高、吸音效果好，具有一定的强度和可加工性等优点。

（3）特点

① 质轻。孔隙达 70%～85%，体积密度一般为 500～900kg/m³，为普通混凝土的 1/5、黏土砖的 1/4、空心砖的 1/3，与木质差不多，能浮于水。可减轻建筑物自重，大幅度降低建筑物的综合造价。

② 防火。主要原材料大多为无机材料，因而具有良好的耐火性能，并且遇火不散发有害气体。耐火 650℃，为一级耐火材料，90mm 厚墙体耐火性能达 245min，300mm 厚墙体耐火性能达 520min。

③ 隔声。因具有特有的多孔结构，因而具有一定的吸声能力，10mm 厚墙体可达到 41dB。

④ 保温。由于材料内部具有大量的气孔和微孔，因而有良好的保温隔热性能。热导率为 0.11～0.16W/(m·K)，是黏土砖的 1/5～1/4。通常 20cm 厚的加气混凝土墙的保温隔热效果，相当于 49cm 厚的普通实心黏土砖墙。

⑤ 抗渗。因材料由许多独立的小气孔组成，吸水导湿缓慢，同体积吸水至饱和所需时间是黏土砖的 5 倍。用于卫生间时，墙面进行界面处理后即可直接粘贴瓷砖。

⑥ 抗震。同样的建筑结构，比黏土砖提高 2 个抗震级别。

⑦ 环保。制造、运输、使用过程无污染，可以保护耕地、节能降耗，属绿色环保建材。

⑧ 耐久。材料强度稳定，在对试件大气暴露一年后测试，强度提高了 25％，十年后仍保持稳定。

⑨ 快捷。具有良好的可加工性，可锯、刨、钻、钉，并可用适当的粘接材料粘接，为建筑施工创造了有利的条件。

⑩ 经济。综合造价比采用实心黏土砖降低 5％以上，并可以增大使用面积，大大提高建筑面积利用率。

5.2.4　保温材料和构造

在建筑中，习惯上将用于控制室内热量外流的材料叫作保温材料，将用于防止室外热量进入室内的材料叫作隔热材料。常用的保温绝热材料按其成分可分为有机、无机两大类。按其形态又可分为纤维状、多孔状（微孔、气泡）、粒状、层状等多种。

（1）主要保温材料

① 膨胀型聚苯板（EPS 板）。保温效果好，价格便宜，强度稍差。

② 挤塑型聚苯板（XPS 板）。保温效果更好，强度高，耐潮湿，价格贵。

③ 岩棉板。防火，阻燃，吸湿性大，保温效果差。

④ 胶粉聚苯颗粒保温浆料。阻燃性好，废品回收，保温效果差。

⑤ 聚氨酯发泡材料。防水性好，保温效果好，强度高，价格较贵。

⑥ 珍珠岩等浆料。防火性好，耐高温，保温效果差，吸水性高。

几种主要保温材料的热导率如表 5.1 所示。

表 5.1　常用保温材料的热导率

材料	XPS 板	EPS 板	岩棉板	胶粉聚苯颗粒保温浆料	聚苯乙烯	聚氨酯发泡	膨胀珍珠岩
热导率 [W/(m·K)]	0.028	0.038	0.042	0.058	0.045	0.03	0.077

（2）外保温构造和要求

① 保温系统外附在固定的（混凝土或砌体）实体结构墙上。

② 保温系统由保温层、防护（抹面）层、固定材料（胶黏剂、锚固件等）和饰面层构成。

③ 保温系统本身具有较好的耐久性、安全性和防护性能。

（3）外墙外保温系统性能及工程性能

① 材料。保温、粘接附着、机械强度、尺寸稳定性。

② 系统。保温、可靠耐久、安全、抗裂、防止火蔓延。

（4）外墙外保温系统安全性能

① 系统与基层墙体连接安全。系统与基层墙体连接是安全的。

② 系统饰面砖连接安全。试验方法未确定，验证工作还未展开，全行业企业质量水平差距大，应慎重推出。

③ 系统防火安全。

a. 居住建筑外保温材料燃烧性能要求。所用外保温材料的燃烧性能不应低于 B_2 级。高度不高于 100m 的建筑，燃烧性能不低于 B_2 级。100m 以上的建筑，采用不燃（A 级）难燃（B_1 级）保温材料。

b. 居住建筑外保温系统的防火构造。当保温层采用 B₂ 级材料时，应设置防火构造，对于高度低于 24m、24～60m 和低于 100m 建筑，分别每三层、两层和一层设置一水平隔离带。

保温层的防护层应采用不燃材料将保温层完全覆盖。防护层厚度首层不应小于 6mm，其他层不应小于 3mm。

5.2.5 自保温墙体

（1）墙体自保温系统定义

墙体自保温系统是指按照一定的建筑构造，采用节能型墙体材料及配套专用砂浆使墙体热工性能等物理性能指标符合相应标准的建筑墙体保温隔热系统。

墙体自保温系统具有节能、利废、环保、隔热、保温、防火、隔声、造价低等诸多优点。

（2）墙体自保温系统基本构造

墙体自保温系统按基层墙体材料不同可分为蒸压加气混凝土砌块墙体自保温系统、节能型烧结页岩空心砌块墙体自保温系统、陶粒混凝土小型空心砌块墙体自保温系统等。

墙体自保温系统基本构造要求：

① 自保温墙体顶部与梁或楼板下的缝隙宜做柔性连接，在地震区应有卡固措施。

② 热桥保温处理时，自保温墙体应凸出热桥梁、柱、剪力墙边线 50～55mm，剪力墙宜每层设置挑板用以承托薄块保温层。

③ 砌块外墙保温及界面缝构造，应符合下列构造详图的要求。

外窗台保温构造如图 5.1 所示。

图 5.1　外窗台保温构造

外墙内保温及界面垂直缝构造如图 5.2 所示。

图 5.2　外墙内保温及界面垂直缝构造

外墙外保温及界面垂直缝构造如图 5.3 所示。

图 5.3　外墙外保温及界面垂直缝构造

外墙保温及界面水平缝构造如图 5.4 所示。

图 5.4　外墙保温及界面水平缝构造

注：1. 隔离剂仅在梯形弹性腻子的中部涂抹，以保证弹性腻子变形，弹性腻子端头与
　　　　找平层间应使用界面剂，确保粘接牢靠。
　　2. 外墙外侧饰面分格缝、墙体保温块分格缝间距宜≤10m。
　　3. 外墙保温及界面缝构造适用于建筑立面分割缝与界面缝不一致的情况

　　墙体自保温技术体系是按照一定的建筑构造，采用节能型墙体材料及配套砂浆使墙体的热工性能等物理性能指标符合相应标准的建筑墙体保温隔热技术体系，其系统性能及组成材料的技术要求须符合相关技术标准的规定。该技术体系具有工序简单、施工方便、安全性能好、便于维修改造和可与建筑物同寿命等特点，工程实践证明应用该技术体系不仅可降低建筑节能增量成本，而且对提高建筑节能工程质量具有十分重要的现实意义。

5.2.6　生态玻璃

　　玻璃工业也是一个高能耗、污染大、环境负荷高的产业。平板玻璃生产时对环境的污染

主要是粉尘、烟尘和 SO_2 等。随着建筑业、交通业的发展，平板玻璃已不仅仅是用作采光和结构材料，而是向着控制光线、调节温度、节约能源、安全可靠、减少噪声等多功能方向发展。

生态环境玻璃材料是指具有良好的使用性能或功能，对资源能源消耗少和对生态环境污染小，再生利用率高或可降解与循环利用，在制备、使用、废弃直到再生利用的整个过程与环境协调共存的玻璃材料。

其主要功能是降解大气中由于工业废气和汽车尾气的污染和有机物污染而积聚在玻璃表面的液态有机物，抑制和杀灭环境中的微生物，并且玻璃表面呈超亲水性，对水完全保湿，可以隔离玻璃表面与吸附的灰尘、有机物，使这些吸附物不易与玻璃表面结合，在外界风力、雨水淋和水冲洗等外力和吸附物自重的推动下，灰尘和油腻自动地从玻璃表面剥离，达到去污和自洁的要求。

常用建筑生态玻璃包括热反射玻璃、Low-E 玻璃、调光玻璃、隔音玻璃、电磁屏蔽玻璃、抗菌自洁玻璃、光致变色玻璃等。

① 热反射玻璃。热反射玻璃是用喷雾法、溅射法在玻璃表面上涂上金属膜、金属氮化物膜或金属氧化物膜而制成的。热反射玻璃玻璃能反射太阳光，可创造一个舒适的室内环境，同时在夏季能起到降低空调能耗的作用。

热反射玻璃是有较高的热反射能力而又保持良好透光性的平板玻璃，它是采用热解法、真空蒸镀法、阴极溅射法等，在玻璃表面涂以金、银、铜、铝、铬、镍和铁等金属或金属氧化物薄膜，或采用电浮法等离子交换方法，以金属离子置换玻璃表层原有离子而形成热反射膜。热反射玻璃也称镜面玻璃，有金色、茶色、灰色、紫色、褐色、青铜色和浅蓝等各色。对来自太阳的红外线，其反射率可达 $30\%\sim40\%$，甚至可高达 $50\%\sim60\%$。

热反射玻璃有较强烈的热反射性能，可有效地反射太阳光线，包括大量红外线，因此在日照时使室内的人感到清凉舒适。镀金属膜的热反射玻璃还有单向透像的作用，即白天能在室内看到室外景物，而室外看不到室内的景象。

② Low-E 玻璃。Low-E 为英文 low emissivity 的简称，又称为低辐射镀膜玻璃，是相对热反射玻璃而言的，是一种节能玻璃。Low-E 玻璃是在玻璃表面镀上多层金属或其他化合物组成的膜系产品。与普通玻璃及传统的建筑用镀膜玻璃相比，Low-E 玻璃具有优异隔热效果和良好的透光性。

Low-E 玻璃具有传热系数低和反射红外线的特点。它的主要功能是降低室内外远红外线的辐射能量传递，而允许太阳能辐射尽可能多地进入室内，从而维持室内的温度，节省暖气、空调费用的开支。这种产品的可见光透过率较高，其反射光的颜色较淡，几乎难以看出。因此，它多被用于中、高纬度寒冷地区。适当控制 Low-E 玻璃的透过，使它既能反射部分太阳能辐射，也能降低室内外热辐射能量的传递，从而形成一堵隔离辐射能的窗；这种 Low-E 玻璃产品的可见光透过适中，其反射光的颜色多为浅淡的蓝色，具有一定的装饰效果。因此，这种产品的适用性更强、选用范围更广，可被广泛地用于高、中、低纬度地区；兼具夏天阻挡外部热量进入室内的功能。

低辐射玻璃是一种既能像浮法玻璃一样让室外太阳能、可见光透过，又像红外线反射镜一样将物体二次辐射热反射回去的新一代镀膜玻璃。在任何气候环境下使用，均能达到控制阳光、节约能源、热量控制调节及改善环境的目的。

行内人士还称其为恒温玻璃：即无论室内外温差有多少，只要装上低辐射玻璃，室内花很少的空调费用便可永远维持冬暖夏凉的状态，即夏天防热能入室、冬天防热能泄露，具有双向节能的效果。

值得注意的是，低辐射玻璃除了影响玻璃的紫外光线、遮光系数外，从某角度上观察还会有少许不同颜色显现在玻璃的反射面上。

③ 调光玻璃。调光玻璃是一款将液晶膜复合进两层玻璃中间，经高温高压胶合后一体成形的夹层结构的新型特种光电玻璃产品。使用者通过控制电流的通断与否控制玻璃的透明与不透明状态。玻璃本身不仅具有一切安全玻璃的特性，同时又具备控制玻璃透明与否的隐私保护功能，由于液晶膜夹层的特性，调光玻璃还可以作为投影屏幕使用，替代普通幕布，在玻璃上呈现高清画面图像。

自动调光玻璃有两种，一种是电致色调玻璃，另一种是液晶调光玻璃。

调光玻璃由美国肯特州立大学的研究人员于 20 世纪 80 年代末发明并申请发明专利。在国内，人们习惯称调光玻璃为智能电控调光玻璃、智能玻璃、液晶玻璃、电控玻璃、变色玻璃、PDLC 玻璃、Smart 玻璃、魔法玻璃等名称。

智能电控调光玻璃于 2003 年开始进入国内市场，由于售价昂贵且识者甚少，往后的近十年间在中国发展缓慢。随着国民经济的持续高速增长，国内建材市场发展迅猛，智能电控调光玻璃由于成本下降不少，渐渐为建筑及设计业界所接受并开始大规模应用，随着成本进一步降低及市场售价的下调，调光玻璃也开始步入家庭装修应用领域，相信在不久的将来，这种实用的高科技产品将会走进千家万户。

④ 隔声玻璃。隔声玻璃是将隔热玻璃夹层中的空气换成氮、氩或六氟化硫等气体并用不同厚度的玻璃制成，可在很宽的频率范围内有优异的隔声性能。

⑤ 电磁屏蔽玻璃。电磁屏蔽玻璃是一种防电磁辐射、抗电磁干扰的透光屏蔽器件，广泛用于电磁兼容领域。分为丝网夹芯型和镀膜型两种类型。丝网夹芯型是由玻璃或树脂和经特殊工艺制成的屏蔽丝网在高温下合成的，通过特殊工艺处理，对电磁干扰产生衰减，并使屏蔽玻璃对所观察的各种图形（包括动态色彩图像）不产生失真，具有高保真、高清晰的特点；同时还具有防爆玻璃特性。

⑥ 抗菌自洁玻璃。抗菌自洁玻璃是采用目前成熟的镀膜玻璃技术（如磁控浇注、溶胶-凝胶法等）在玻璃表面涂盖一层二氧化钛薄膜。

⑦ 光致变色玻璃。光致变色玻璃在适当波长光的辐照下改变其颜色，而移去光源时则恢复其原来颜色的玻璃，又称变色玻璃或光色玻璃。光致变色玻璃是在玻璃原料中加入光色材料制成的。

5.2.7 绿色涂料

大多数建筑物都需要用涂料进行装修，一方面起到装饰作用；另一方面起到保护建筑物的作用。

涂料按用途分为内墙涂料系列、外墙涂料系列及浮雕涂层系列；按类型分为面漆、中层漆、底漆等，涂料的主要成分为树脂类有机高分子化合物，在使用时（刷或喷涂）需用稀释剂调成合适黏度以方便施工。

这些稀释剂挥发性强，大量弥散于空气中，是引起人中毒的罪魁祸首。各类稀释剂是由一些酯类、酮类、醚类、醇类及苯、甲苯、二甲苯等芳香烃配制而成的。其中危害最大的是苯，它不仅能引起麻醉和刺激呼吸道，而且能在体内神经组织及骨髓中积蓄，破坏造血功能（使红、白细胞和血小板减少），长期接触能造成严重后果。

传统的低固含量溶剂型涂料约含 50% 的有机溶剂。涂料的加工和生产产生的有机化合物在人类活动所产生的有机挥发组分（VOC）总量中仅次于交通，居第二位，占 20%～25%。

所谓绿色涂料是指节能、低污染的水性涂料、粉末涂料、高固体含量涂料（或称无溶剂涂料）和辐射固化涂料等。

（1）高固含量涂料

其主要特点是在可利用原有的生产方法、涂料工艺的前提下，降低有机溶剂用量，从而提高固体组分。

（2）水基涂料

事实上，现在水基涂料使用量已占所有涂料的一半左右。水基涂料主要有水溶性、水分散性和乳胶性 3 种类型。

① 水分散型涂料。水分散型涂料实际应用面相对大一些，是通过将高分子树脂溶解在有机溶剂——水混合溶剂中而形成的。

② 乳胶型涂料，涂料使用过程中，高分子通过离子间的凝结成膜。

③ 水溶性高分子涂料。

（3）粉末涂料

粉末涂料理论上是绝对的 VOC 为零的涂料；缺点是制备工艺复杂，难以得到薄的涂层。

（4）液体无溶剂涂料

其包括能量束固化型涂料和双液型涂料两类。

① 能量束固化型涂料。这类涂料之中多数含有不饱和基团或其他反应性基团，在紫外线、电子束的辐射下，可在很短的时间内固化成膜。

② 双液型涂料。双液型涂料储存时低黏度树脂和固化剂分开包装，使用前混合，涂装时固化。

（5）弹性涂料

所谓弹性涂料，即形成的涂膜不仅具有普通涂膜的耐水、耐候性，而且能在较大的温度范围内保持一定的弹性、韧性及优良的伸长率，从而可以适应建筑物表面产生的裂纹而使涂膜保持完好。

（6）杀虫内墙装饰乳胶漆

杀虫环保涂料是具有杀灭苍蝇、蚊子、蟑螂、臭虫和螨虫等影响卫生的害虫的功能的涂料，同时兼具装饰性。经卫生防疫站检测证明，长期使用杀虫环保涂料对人畜无害，因为杀虫环保涂料是通过接触性杀虫，而不是气味熏杀。该涂料产品与普通涂料产品一样，可喷涂、辊涂、刷涂施工，耐擦洗而不影响杀虫效果。

涂料的研究和发展方向越来越明确，就是寻求 VOC 不断降低直至为零的涂料，而且其使用范围要尽可能宽、使用性能优越、设备投资适当等。因而水基涂料、粉末涂料、无溶剂涂料等可能成为将来涂料发展的主要方向。

5.3 绿色建筑材料评价标准

学习目标

掌握绿色建筑节材评价标准。

5.3.1 控制项

① 不得采用国家和地方禁止和限制使用的建筑材料及制品。

② 混凝土结构中梁、柱纵向受力普通钢筋应采用不低于 400MPa 级的热轧带肋钢筋。

③ 建筑造型要素应简约，且无大量装饰性构件。

5.3.2 评分项

（1）节材设计

① 择优选用建筑形体，评价总分值为 9 分。根据国家标准《建筑抗震设计规范》（GB 50011—2010）规定的建筑形体规则性评分，建筑形体不规则，得 3 分；建筑形体规则，得 9 分。

② 对地基基础、结构体系、结构构件进行优化设计，达到节材效果，评价分值为 5 分。

③ 土建工程与装修工程一体化设计，评价总分值为 10 分，并按下列规则评分：

a. 住宅建筑土建与装修一体化设计的户数比例达到 30%，得 6 分；达到 100%，得 10 分。

b. 公共建筑公共部位采用土建与装修一体化设计，得 6 分；所有部位均采用土建与装修一体化设计，得 10 分。

④ 公共建筑中可变换功能的室内空间采用可重复使用的隔断（墙），评价总分值为 5 分，根据可重复使用隔断（墙）比例按表 5.2 所示的规则评分。

表 5.2　可重复使用隔断（墙）比例评分规则

可重复使用隔断(墙)比例 R_{rp}	得分
$30\% \leqslant R_{rp} < 50\%$	3
$50\% \leqslant R_{rp} < 80\%$	4
$R_{rp} \geqslant 80\%$	5

⑤ 采用工业化生产的预制构件，评价总分值为 5 分，根据预制构件用量比例按表 5.3 所示的规则评分。

表 5.3　预制构件用量比例评分规则

预制构件用量比例 R_{pc}	得分
$15\% \leqslant R_{pc} < 30\%$	3
$30\% \leqslant R_{pc} < 50\%$	4
$R_{pc} \geqslant 50\%$	5

⑥ 采用整体化定型设计的厨房、卫浴间，评价总分值为 6 分，按下列规则分别评分并累计：

a. 采用整体化定型设计的厨房，得 3 分；

b. 采用整体化定型设计的卫浴间，得 3 分。

（2）材料选用

① 选用本地生产的建筑材料，评价总分值为 10 分，根据施工现场 500km 以内生产的建筑材料重量占建筑材料总重量的比例按表 5.4 所示的规则评分。

表 5.4　施工现场 500km 以内生产的建筑材料重量占建筑材料总重量比例评分规则

施工现场 500km 以内生产的建筑材料重量 占建筑材料总重量的比例 R_{lm}	得分
$60\% \leqslant R_{lm} < 70\%$	6
$70\% \leqslant R_{lm} < 90\%$	8
$R_{lm} \geqslant 90\%$	10

② 现浇混凝土采用预拌混凝土，评价分值为 10 分。

③ 建筑砂浆采用预拌砂浆，评价总分值为 5 分。建筑砂浆采用预拌砂浆的比例达到 50%，得 3 分；达到 100%，得 5 分。

④ 合理采用高强建筑结构材料，评价总分值为 10 分，并按下列规则评分：

a. 对于混凝土结构，按下列规则评分：

根据 400MPa 级及以上受力普通钢筋的比例，按表 5.5 所示的规则评分，最高得 10 分。

表 5.5　400MPa 级及以上受力普通钢筋的比例评分规则

400MPa 级及以上受力普通钢筋的的比例 R_{sb}	得分
$30\% \leqslant R_{sb} < 50\%$	4
$50\% \leqslant R_{sb} < 70\%$	6
$70\% \leqslant R_{sb} < 85\%$	8
$R_{sb} \geqslant 85\%$	10

混凝土竖向承重结构采用强度等级不小于 C50 混凝土的用量占竖向承重结构中混凝土总量的比例达到 50%，得 10 分。

b. 对于钢结构：Q345 及以上高强钢材用量占钢材总量的比例达到 50%，得 8 分；达到 70%，得 10 分。

c. 对于混合结构：对其混凝土结构部分和钢结构部分，分别按上述内容进行评价，得分取两项得分的平均值。

⑤ 合理采用高耐久性建筑结构材料，评价分值为 5 分。对混凝土结构，其中高耐久性混凝土用量占混凝土总量的比例达到 50%；对钢结构，采用耐候结构钢或耐候型防腐涂料。

⑥ 采用可再利用材料和可再循环材料，评价总分值为 10 分，并按下列规则评分：

a. 住宅建筑中的可再利用材料和可再循环材料用量比例达到 6%，得 8 分；达到 10%，得 10 分。

二维码 17　可再生材料利用及高强度钢筋用量计算

b. 公共建筑中的可再利用材料和可再循环材料用量比例达到 10%，得 8 分；达到 15%，得 10 分。

⑦ 使用以废弃物为原料生产的建筑材料，评价总分值为 5 分，并按下列规则评分：

a. 采用一种以废弃物为原料生产的建筑材料，其占同类建材的用量比例达到 30%，得 3 分；达到 50%，得 5 分。

b. 采用两种及以上以废弃物为原料生产的建筑材料，每一种用量比例均达到 30%，得 5 分。

⑧ 合理采用耐久性好、易维护的装饰装修建筑材料，评价总分值为 5 分，按下列规则分别评分并累计：

a. 合理采用清水混凝土，得 2 分；

b. 采用耐久性好、易维护的外立面材料，得 2 分；

c. 采用耐久性好、易维护的室内装饰装修材料，得 1 分。

（1）实训内容

进行建筑节材工程的设计实训（指导教师选择一个真实的工程项目或学校实训场地，带学生实训操作），熟悉建筑节材工程的基本知识，从节材设计、绿色材料选用、节材效果分析等方面进行全过程模拟训练，熟悉建筑节材工程技术要点和国家相应的规范要求。

（2）实训目的

通过课堂学习结合课下实训使学生熟练掌握建筑节材工程技术和国家相应的规范要求，提高学生进行建筑节材工程技术应用的综合能力。

（3）实训要点

① 让学生通过对建筑节材水工程技术的运行与实训，加深对建筑节材工程国家标准的理解，掌握在建筑节材工程设计要点，进一步加强对专业知识的理解。

② 分组制订计划与实施。培养学生团队协作的能力，掌握建筑节材工程技术和获取经验。

（4）实训过程

① 实训准备要求

a. 做好实训前相关资料查阅，熟悉建筑节材工程有关的规范要求。

b. 准备实训所需的工具与材料。

② 实训要点

a. 实训前做好交底。

b. 制订实训计划。

c. 分小组进行，小组内部分工合作。

③ 实训操作步骤

a. 按照建筑节材要求，选择建筑节材方案。

b. 进行建筑节材方案设计。

c. 进行建筑节材性能分析。

d. 做好实训记录和相关技术资料整理。

e. 进行小组互评和最终评定。

④ 教师指导点评和疑难解答。

⑤ 实地观摩。

⑥ 进行总结。

（5）实训项目基本步骤表

步　骤	教师行为	学生行为
1	交代工作任务背景,引出实训项目	①分好小组 ②准备实训工具、材料和场地
2	布置建筑节材工程实训应做的准备工作	
3	使学生明确建筑节材工程设计实训的步骤	
4	学生分组进行实训操作,教师巡回指导	完成建筑节材工程实训全过程
5	结束指导点评实训成果	自我评价或小组评价
6	实训总结	小组总结并进行经验分享

（6）实训小结

项目技能	技能达标分项	备注
项目：		指导老师：
建筑节材工程	①方案完善　　　　　得0.5分 ②准备工作完善　　　得0.5分 ③设计过程准确　　　得1.5分 ④设计图纸合格　　　得1.5分 ⑤分工合作合理　　　得1分	根据职业岗位所需、技能需求，学生可以补充完善达标项
DG5自我评价	对照达标分项　　　得3分为达标 对照达标分项　　　得4分为良好 对照达标分项　　　得5分为优秀	客观评价
评议	各小组间互相评价 取长补短，共同进步	提供优秀作品观摩学习

自我评价＿＿＿＿＿＿＿＿　　　　　　个人签名＿＿＿＿＿＿＿

小组评价　达标率＿＿＿＿＿　　　　　组长签名＿＿＿＿＿＿＿
　　　　　良好率＿＿＿＿＿
　　　　　优秀率＿＿＿＿＿

　　　　　　　　　　　　　　　　　　　　　　　　年　　月　　日

小 结

　　绿色建筑材料是指采用清洁生产技术，不用或少用天然资源和能源，大量使用工农业或城市固态废物生产的无毒害、无污染、无放射性，达到使用周期后可回收利用，有利于环境保护和人体健康的建筑材料。

　　绿色建筑材料选用应保证对各种资源，尤其是非再生资源的消耗尽可能低；尽可能使用生产能耗低、可以减少建筑能耗以及能够充分利用绿色能源的建筑材料；尽可能选用对环境影响小的建筑材料；尽可能就近取材，减少运输过程中的能耗和环境污染；提高旧建材的使用率；严格控制室内环境质量，有害物质零排放。

　　生态水泥主要是指在生产和使用过程中尽量减少对环境影响的水泥。如利用生活垃圾的焚烧灰和下水道污泥的脱水干粉作为原料生产的水泥。

　　绿色混凝土应具有比传统混凝土更高的强度和耐久性，可以实现非再生性资源的可循环使用和有害物质的最低排放，既能减少环境污染，又能与自然生态系统协调共生。

　　墙体自保温系统是指按照一定的建筑构造，采用节能型墙体材料及配套专用砂浆使墙体热工性能等物理性能指标符合相应标准的建筑墙体保温隔热系统。

　　所谓绿色涂料是指节能、低污染的水性涂料、粉末涂料、高固体含量涂料（或称无溶剂涂料）和辐射固化涂料等。

　　绿色建筑节材与材料资源利用评价标准包括控制项和评分项。

习 题

1. 什么是绿色建筑材料？绿色建材应满足哪些性能？

2. 绿色建材与传统建材的区别有哪些？
3. 绿色建材有何特征？
4. 简述绿色建材的选用原则。
5. 何谓生态水泥？生态水泥有哪些？
6. 何谓绿色混凝土？绿色混凝土有哪些？
7. 何谓加气混凝土砌块？加气混凝土砌块有何特点？
8. 何谓保温材料？常用保温材料有哪些？
9. 何谓自保温墙体？有何基本构造？
10. 何谓生态玻璃？常用生态玻璃有哪些？
11. 何谓绿色涂料？常用绿色涂料有哪些？
12. 绿色建筑节材评价标准包括哪些内容？

6

室内环境质量

内容提要

本项目以室内环境为对象，主要讲述室内空气质量的基本概念、绿色建筑空气环境保障技术、室内环境的评价标准等内容，并在实训环节提供室内环境专项技术实训项目，作为本教学单元的实践训练项目，以供学生训练和提高。

技能目标

• 通过对室内空气质量概述的学习，巩固已学的相关室内空气质量的基本知识，了解室内空气质量的概念、现状、建筑室内空气环境问题的起因和不同污染物的来源，了解室内空气质量与人体健康。

• 通过对绿色建筑空气环境保障技术的学习，要求学生掌握污染源控制手段、室内通风技术和室内空气净化技术。

• 通过对绿色建筑声环境及其保障技术的学习，要求学生掌握绿色住宅建筑室内声环境和降噪保障措施。

• 通过对绿色建筑光环境及其保障技术的学习，要求学生掌握绿色住宅建筑室内光环境技术措施。

• 通过对绿色建筑热湿环境及其保障技术的学习，要求学生掌握绿色住宅建筑室内热湿环境技术措施。

• 通过对室内环境的评价标准的学习，要求学生掌握绿色建筑室内环境的评价标准。

本单元是为了全面训练学生对室内环境质量的掌握能力，检查学生对室内环境质量内容知识的理解和运用程度而设置的。

项目导入

随着经济的发展、人民生活水平的提高，在改善居住条件时，大家比较习惯于考虑住房的位置、环境、交通是否方便，再就是住房的面积、实用方便性和是否美观。 20世纪70年代爆发了全球性能源危机，一些发达国家在建筑物设计方面为了节省能源，导致室内通风不足，室内污染状况恶化，出现了"军团病"和"致病建筑物综合征"。急性传染性非典型肺炎（SARS）的突然爆发主要是由于室内传播；H_1N_1禽流感及超级细菌的出现，都说明室内环境健康的重要性！ 除在医院传播外有些是在家里居室由病人或病毒携带者传播给家人。 因此，"健康家居"的新概念突显其重要意义，也就是家居应将健康放在首位。

6.1 室内空气质量概述

学习目标

了解室内空气质量的概念、现状，建筑室内空气环境问题的起因和不同污染物的来源，了解室内空气质量与人体健康。

6.1.1　室内空气质量的基本概念

① 室内空气质量（IAQ，indoor air quality）。指室内空气中与人体健康有关的物理、化学、生物和放射性参数。

② 可吸入颗粒物（PM_{10}）。指悬浮在空气中，空气动力学当量直径小于等于 $10\mu m$ 的颗粒物。

③ 挥发性有机化合物（VOC，volatile organic compounds）。任何能参加大气光化学反应的有机化合物，包括芳香烃（苯、甲苯、二甲苯）、酮类和醛类、胺类、卤代类、硫代烃类、不饱和烃类等。

6.1.2　建筑室内空气环境现状

人生约有 80% 的时间是在建筑物内度过的，所呼吸的空气主要来自于室内，与室内污染物接触的机会和时间均多于室外。

室内污染物的来源和种类日趋增多，造成室内空气污染程度在室外空气污染的基础上更加重了一层。建筑物内部家具、装饰材料大量散发有毒、有害气体。

为了节约能源，现代建筑物密闭化程度增加，由于其中央空调换气设施不完善，致使室内污染物不能及时排出室外，造成室内空气质量的恶化。引发"空调病""大楼并发症""富贵病""军团病"等"病态建筑综合征"问题日益严重，头痛，眼、鼻、喉疼痒，咳嗽，免疫力下降。

美国国家环保局将空气品质问题列为当今五大环境健康威胁之一。

6.1.3　建筑室内空气环境问题的起因

（1）室内空气污染的概念

室内空气污染是指在室内空气正常成分之外，又增加了新的成分，或原有的成分增加，其数量、浓度和持续时间超过了室内空气的自净能力，而使空气质量发生恶化，对人们的健康和精神状态、生活、工作等方面产生影响的现象。

（2）室内空气污染的分类

① 根据性质分有物理、化学、生物和放射性污染。

② 根据其存在状态分有颗粒物和气态污染物。

③ 根据来源分有室内和室外两部分。

化学污染是室内的主要污染，据统计，至今已发现的室内空气化学污染物约有 500 多种，其中挥发性有机化合物达 307 种。

（3）室内空气污染的成因

① 建筑装饰装修材料及家具的污染。

② 建筑施工过程带来的污染。

③ 人活动带来的污染。

④ 加热、通风和空调系统也是空气污染物的来源之一，尤其是维护不当时，如过滤器被污染后，将导致颗粒污染物的再释放，系统处于潮湿环境中将导致微生物污染物的增殖，并扩散到整个建筑物中。

（4）室内空气污染的来源

室内空气污染的来源主要有消费品和化学品的使用、建筑和装饰材料以及个人活动等。

① 各种燃料燃烧、烹调油烟及吸烟产生的 CO、NO_2、SO_2、可吸入颗粒物、甲醛、多环芳烃等。

② 建筑、装饰材料、家具和家用化学品释放的甲醛和挥发性有机化合物（VOCs）、氡及其子体等。

③ 家用电器和某些办公用具导致的电磁辐射等物理污染和臭氧等化学污染。

④ 通过人体呼出气、汗液、大小便等排出的 CO_2、氨类化合物、硫化氢等内源性化学污染物，呼出气中排出的苯、甲苯、苯乙烯等外源性污染物；通过咳嗽、打喷嚏等喷出的流感病毒、结核杆菌、链球菌等生物污染物。

⑤ 室内用具产生的生物性污染，如在床褥、地毯中滋生的尘螨等。

（5）室外空气污染的来源

室外空气污染的来源主要有：

① 室外空气中的各种污染物包括工业废气和汽车尾气通过门窗、孔隙等进入室内。

② 人为带入室内的污染物，如干洗后带回家的衣服，可释放出残留的干洗剂四氯乙烯和三氯乙烯；将工作服带回家中，可使工作环境中的苯进入室内等。

③ 在我国北方冬季施工期，施工单位为了加快混凝土的凝固速度和防冻，往往在混凝土中加入高碱混凝土膨胀剂和含尿素的混凝土防冻剂等外加剂。建筑物投入使用后，随着夏季气温升高，氨会从墙体中缓慢释放出来，造成室内空气氨浓度严重超标，并且氨的释放持续多少年目前尚难确定。

6.1.4 室内不同污染物的来源

（1）化学污染的来源

化学污染物主要包括 CO、CO_2、NO_x、SO_2、NH_3、臭氧 O_3、甲醛、苯系物、挥发性有机物 TVOC 等。

CO 来源于室内燃料的不完全燃烧。

CO_2 来源于室内燃料燃烧及代谢活动如人的呼出气和生物的发酵等。

NO_x 来源于室内燃料燃烧。

SO_2 来源于室内燃料燃烧。

NH_3 来源于代谢活动如人体分泌物及代谢物，建筑主体结构中加入的防冻剂、胶黏剂、烫发剂等。

臭氧 O_3 主要由室内使用紫外灯、负离子发生器、复印机、电视机等产生。

甲醛主要来源于室内建筑物使用脲醛树脂、酚醛树脂泡沫塑料隔热材料，家具（使用刨花板、纤维板、胶合板等制作）、墙面（塑料壁纸）、地面装饰材料（地板革、化纤地毯等）、使用含甲醛的胶黏剂以及涂料；纺织纤维（挂毯、窗帘等）；烹调或取暖用的各种燃料燃烧；烟草烟雾；化妆品、清洁剂、杀虫剂、防腐剂、使用甲醛消毒；办公用品（印刷油墨）等。

苯系物主要来源于室内装饰材料、涂料、胶黏剂等。

挥发性有机物 TVOC 来源包括苯系物、室内装饰用品、燃料燃烧、烹饪、环境烟草烟雾，化妆品等。

（2）颗粒物污染的来源

颗粒物分为化学性和生物性颗粒物；按粒径可分为粗、细颗粒物，主要来源于燃料燃烧、环境烟草烟雾、尘螨、动物皮毛屑、室内通风、空调系统（产生真菌）、加湿器（产生细菌，包括其抗毒素和内毒素）。

（3）微生物污染的来源

① 室外空气中微生物。室外空气中微生物主要来源于土壤、植物、地面水、动物以及人类的生产、生活。

土壤中含有微生物的颗粒借风而扩散。

人类所从事的工业生产、农业生产、交通运输等活动可使含微生物的粒子和尘埃进入空气中。

液体气溶胶来源于地面水的流动、撞击等，人类的生产、生活也可产生液体气溶胶，如污水排放、污水曝气处理等都会有液体气溶胶形成。

② 室内空气中微生物。主要是由于人在室内的活动使各种微生物进入到空气中。

当病人或病原体携带者将病原微生物排入到空气中时，可造成疾病流行。

病人和病原携带者咳嗽和喷嚏形成气溶胶将病原体排入空气中是造成室内空气污染的主要原因。

咳嗽可使口腔中唾液和鼻腔中的分泌物形成飞沫。较大的飞沫在蒸发之前降落到地面，较小的飞沫可在短时间内水分蒸发形成飞沫核，直径 $1\mu m$ 的飞沫核在空气中悬浮时间可达几小时。打喷嚏时可将大量飞沫排入空气中，造成室内空气微生物污染。说话时也可形成飞沫并排入空气中。

（4）放射性污染物来源

放射性污染主要是氡。氡是由放射性元素镭衰变产生的，镭来源于铀，只要有铀、镭的地方就会源源不断地产生氡气。室内氡的来源与很多因素有关：

土壤和岩石是氡的主要来源。土壤或岩石中都含有一定量的镭，镭衰变释放出氡气。而且浓度比地面空气高 1000 倍，不可避免地要释放到大气中。建筑物周围和地基土壤中氡气可以通过扩散或渗流进入室内，有研究表明建筑物地基和周围土壤的氡占室内氡的 60%，主要对三楼以下的建筑物产生影响。

建筑材料是氡的另一个来源。花岗岩、炭质岩、浮石、明矾石和含磷的一些岩石中铀、镭的含量较高。建筑材料使用工业废料（煤渣砖、矿渣水泥、磷酸盐矿石生产磷酸的副产品磷石膏，铁矾土生产矾的废渣红泥砖，采用锆英砂为乳浊剂的瓷砖、彩釉地砖等）。

使用地下水和地热水。氡易溶于水，使用这些水氡会释放出来。

天然气燃烧的过程会将氡释放到室内，但占的比例不是很大，和天然气中氡的含量和使用量有关。

室外空气。一般不影响，但是特殊地带如铀矿山温泉附近的局部区域的氡浓度会比较高。通过通风可以从户外中进入室内，并在里面积聚。

室内空气污染物与主要来源如表 6.1 所示。

表 6.1　室内空气污染物与主要来源

项目	空调系统	室内装饰材料	人体	吸烟	厨房浴厕	室外空气
尘埃粒子	★	★	★	★		★
硫氧化物					★	★
氮氧化物						★

项目	空调系统	室内装饰材料	人体	吸烟	厨房浴厕	室外空气
一氧化碳			★		★	★
二氧化碳			★			
甲醛		★				
苯类		★				
细菌	★		★		★	★
霉菌	★		★		★	
异味	★		★	★	★	
香烟烟雾				★		
焦油				★		
氡		★				

6.1.5　室内空气质量与人体健康

（1）化学污染对健康的影响

① 燃烧产物对人体健康的影响：主要表现为对呼吸系统的影响，引起呼吸功能下降、呼吸道症状增加，严重的可导致慢性支气管炎、哮喘、肺气肿等气道阻塞型疾病恶化和死亡率增高，以及肺癌患病率增加。燃烧产物主要来源包括燃料燃烧、烹调烟油、环境烟草等。

② 装修污染对人体健康的影响：主要表现为各种刺激作用，如对眼、鼻黏膜、咽喉以及颈、头和面部皮肤的刺激，从而引起头昏、失眠、皮肤过敏、炎症反应以及神经衰弱等亚临床症状，严重的甚至导致各种疾病，包括呼吸、消化、神经、心血管系统疾病等。室内装饰材料释放的污染物以甲醛和挥发性有机物为主。

③ 室内臭氧污染与人体健康：人群短期臭氧暴露后可出现肺功能水平极速降低的现象；臭氧可对易感者的眼、鼻及咽部黏膜产生刺激。

④ 室内空气二次污染与人体健康：二次污染主要由使用空调引起。空调环境下工作人员容易出现疲乏、头疼、胸闷、恶心、嗜睡、易感冒等症状。另外，空调造成的二次污染还可引起军团病。病态建筑综合征指的是在建筑物内生活和工作时会出现的症状，主要症状表现为：注意力不集中，抑郁，嗜睡，疲劳，头痛，烦恼气味，易感冒，胸闷，黏膜、皮肤、眼睛刺激等。一旦离开这种环境，症状会自然减轻或消失。

（2）微生物污染的健康危害

主要是人类呼吸道传染病的传播。呼吸道传染病包括一大类由病毒、细菌、支原体等病原微生物引起的急性和慢性呼吸系统疾病，发病率和死亡率都很高。经空气传播是该类疾病的主要传播途径。如结核病、军团病、水痘、麻疹和流感等。

（3）放射性污染的健康危害

主要是氡的危害。环境中氡对人体健康影响是一个非常复杂的问题，主要是关于它的致癌性的研究。

建筑室内环境要达到《民用建筑工程室内环境污染控制规范》（GB 50325—2010）的要求。

6.2 绿色建筑空气环境保障技术

学习目标

掌握污染源控制手段、室内通风技术和室内空气净化技术。

绿色建筑空气环境保障技术包括污染源控制、通风和室内空气净化等。

污染源控制是指从源头着手避免或减少污染物的产生；或利用屏障设施隔离污染物，不让其进入室内环境。

通风是借助自然作用力或机械作用力将不符合卫生标准的被污染的空气排放至室外或排至空气净化系统，同时将新鲜空气或净化后空气送入室内。

室内空气净化是利用特定的净化设备将室内被污染的空气净化后循环回到室内或排至室外。

6.2.1 污染源控制

污染源控制方法如下。

① 注意所用材料的最优组合（包括板材、涂料等），要使材料的质量符合国标要求，选择和开发绿色建筑装饰材料。

② 提倡接近自然的装修方式，尽量少用各种化学及人工材料，尽量不要过度装修。

③ 在施工过程中，通过工艺手段对建筑材料进行处理，以减少污染。

④ 在室内减少吸烟和室内燃烧过程，进行燃具改造。

⑤ 减少气雾剂、化妆品的使用。

⑥ 控制能够给环境带来污染的材料、家具进入室内。

6.2.2 加强室内通风换气，提高新风稀释效应

室内通风措施如下。

（1）通新风

开窗通风换气、机械通风。通风换气是改善室内空气质量最简单、经济、有效的措施，当室内平均风速满足通风率的要求时，可减少甲醛的蓄积。

（2）合理使用空调

利用空调器的附加功能，如负离子发生器、高效过滤等功能，对改善室内空气品质有一定的作用，但所起的作用有限，不能完全依赖。

（3）保证新风量、新风换气次数、最小新风比

确定新风量需考虑的因素：

① 以室内 CO_2 允许浓度为标准的必要换气量。CO_2 浓度与人体表面积、代谢情况有关。

② 以氧气为标准的必要换气量。人体对氧气的需求主要取决于代谢水平。

③ 以消除臭气为标准的必要换气量。人体释放体臭，与人所占的空气体积、活动情况、年龄等有关。

6.2.3 室内空气净化

室内空气净化的方法主要包括空气过滤、吸附方法、紫外灯杀菌、静电吸附、纳米材料

光催化、等离子放电催化、臭氧消毒灭菌、利用植物净化空气等。

（1）空气过滤去除悬浮颗粒物

过滤器的主要功能是处理空气中的颗粒污染。常见误解为过滤器像筛子一样，只有当悬浮在空气中的颗粒粒径比滤网的孔径大时才能被过滤掉。其实，过滤器和筛子的工作原理大相径庭。空气过滤的机理主要包括：

① 截留效应。粒径小的粒子惯性小，粒子不脱离流线，在沿流线运动时，可能接触到纤维表面而被截留（$>0.5\mu m$）。

② 惯性效应。粒子在惯性作用下，脱离流线而碰到纤维表面（$>0.5\mu m$）。

③ 扩散效应。随主气流掠过纤维表面的小粒子，可能在类似布朗运动的位移时与纤维表面接触（$\leqslant 0.3\mu m$）。

④ 重力作用。尘粒在重力作用下，产生脱离流线的位移而沉降到纤维表面上（$50\sim 100\mu m$ 以上）。

⑤ 静电效应。由于气体摩擦和其他原因，可能使粒子或纤维带电。

过滤器的性能包括过滤效率、压力损失、容尘量。按照过滤器性能可分以下几种。

① 初效过滤器。滤材多为玻璃纤维、人造纤维、金属丝网、粗孔聚氨酯泡沫塑料。

② 中效过滤器。滤材为较小的玻璃纤维、人造纤维合成的无纺布、中细孔聚乙烯泡沫塑料。

③ 高效过滤器。滤材为超细玻璃纤维或合成纤维，加工成纸状，称为滤纸。

（2）活性炭吸附气体污染物

吸附对于室内 VOCs 和其他污染物是一种比较有效而又简单的消除技术。目前比较常用的吸附剂是活性炭。固体材料吸附能力的大小和固体的比表面积（即 1g 固体的表面积）有关，比表面积越大，吸附能力越强。

吸附是由于吸附质和吸附剂之间的范德华力（电性吸引力）而使吸附质聚集到吸附剂表面的一种现象。吸附分为物理吸附和化学吸附两类。物理吸附属于一种表面现象，其主要特征为：

① 吸附质和吸附剂之间不发生化学反应；

② 对所吸附的气体选择性不强；

③ 吸附过程快，参与吸附的各相之间瞬间达到平衡；

④ 吸附过程为低放热反应过程，放热量比相应气体的液化潜热稍大；

⑤ 吸附剂与吸附质间吸附力不强，在条件改变时可脱附。

活性炭纤维是 20 世纪 60 年代发展起来的一种活性炭新品种。其含大量微孔，其体积占了总孔体积的 90% 左右，因此有较大的比表面积，多数为 $500\sim 800m^2/g$。

与粒状活性炭相比，活性炭纤维吸附容量大，吸附或脱附速度快，再生容易，不易粉化，不会造成粉尘二次污染。

对无机气体如 SO_2、H_2S、NO_x 等和有机气体如（VOCs）都有很强的吸附能力，特别适用于吸附去除 $10^{-9}\sim 10^{-6}g/m^3$ 量级的有机气体，在室内空气净化方面有广阔的应用前景。

活性炭的吸附性能如表 6.2 所示。

表 6.2　活性炭的吸附性能表

物质名称	SO_2	CO_2	CS_2	C_6H_6（苯）	O_3	烹调臭味	厕所臭味
饱和吸附量/%	10	15	15	24	能还原为 O_2	30	30

普通活性炭对分子量小的化合物（如氨、硫化氢和甲醛）吸附效果较差，对这类化合

物，一般采用浸渍高锰酸钾的氧化铝作为吸附剂，空气中的污染物在吸附剂表面发生化学反应，因此，这类吸附称为化学吸附，吸附剂称为化学吸附剂。表 6.3 比较了浸渍高锰酸钾的氧化铝和活性炭的吸附效果。

表 6.3   浸渍高锰酸钾的氧化铝和活性炭对一些空气污染物的吸附效果比较表

吸附量／％	NO_2	NO	SO_2	甲醛	HS	甲苯
浸渍高锰酸钾的氧化铝	1.56	2.85	8.07	4.12	11.1	1.27
活性炭	9.15	0.71	5.35	1.55	2.59	20.96

（3）紫外灯杀菌（ultraviolet germicidal irradiation，UVGI）

紫外辐照杀菌是常用的空气中杀菌方法，在医院已被广泛使用。与高效过滤器相比，风道中采用紫外杀菌法，空气阻力小。紫外光谱分为 UVA（320～400nm）、UVB（280～320nm）和 UVC（100～280nm），波长短的 UVC 杀菌能力较强。185nm 以下的辐射会产生臭氧。

一般紫外灯安置在房间上部，不直接照射人，空气受热源加热向上运动缓慢进入紫外辐照区，受辐照后的空气再下降到房间的人员活动区，在这一过程中，细菌和病毒会不断被降低活性，直至灭杀。

紫外灯杀菌需要一定的作用时间，一般细菌在受到紫外灯发出的辐射数分钟后才死亡。

（4）静电吸附

静电吸附工作原理是：含有粉尘颗粒的气体，在接有高压直流电源的阴极线（又称电晕极）和接地的阳极板之间所形成的高压电场通过时，由于阴极发生电晕放电，气体被电离；此时，带负电的气体离子在电场力的作用下向阳板运动，在运动中与粉尘颗粒相碰，则使尘粒荷以负电；荷电后的尘粒在电场力的作用下，亦向阳极运动，到达阳极后，放出所带的电子，尘粒则沉积于阳极板上，而得到净化的气体排出防尘器外。通俗点讲，就是高压静电形成的电场磁力吸附空气中的灰尘，减少灰尘而净化空气。但它不能直接杀死病毒、细菌，分解污染物；若积尘太多未清理或静电吸尘器效率下降，易造成二次污染。由于高压放电的缘故，需配置安全保护装置，在大型公共场所或对消毒条件要求较高的室内场所一般不宜使用。一般民居最好不使用。

（5）光催化降解 VOCs

光触媒是一种在光的照射下，自身不起变化，却可以促进化学反应的物质。光触媒是利用自然界存在的光能转换成为化学反应所需的能量，来产生催化作用，使周围的氧气及水分子激发成极具氧化力的自由负离子。

光触媒对光源的要求：

① 一般在紫外光照射下 VOCs 才会发生光催化降解。

② 光催化反应器中采用的光源多为中压或低压汞灯。

紫外光谱分为：UVC（100～280nm）、UVB（280～320nm）、UVA（320～400nm）。杀菌紫外灯波长一般在 UVC 波段，特别是在 254nm 附近。

（6）等离子体放电催化

等离子体放电催化是通过高压、高频脉冲放电形成非对称等离子体电场，使空气中大量等离子体之间逐级撞击，产生电化学反应，对有毒有害气体及活体病毒、细菌等进行快速降解，从而高效杀毒、灭菌、去异味、消烟、除尘，且无毒害物质产生，被称为 21 世纪环境与健康科学最值得期待的高新技术。它可人机共存，净化同时无需人员离开；节能降耗，同比可以节约 80％ 的电能；终身免拆洗。它具有快速消杀病毒、超强净化能力、高效祛除异味、消除静电、增加氧气含量等功能。

（7）臭氧杀菌消毒

臭氧，一种刺激性气体，是已知的最强的氧化剂之一，其强氧化性、高效的消毒作用使其在室内空气净化方面有着积极的贡献。

臭氧的主要应用在于灭菌消毒，它可即刻氧化细胞壁，直至穿透细胞壁与其体内的不饱和键化合而杀死细菌，这种强的灭菌能力来源于其高的还原电位。

室内的电视机、复印机、激光印刷机、负离子发生器等在使用过程中会产生臭氧。

臭氧对眼睛、黏膜和肺组织都具有刺激作用，能破坏肺的表面活性物质，并能引起肺水肿、哮喘等。因此，臭氧杀菌使用方式应特别注意。

紫外照射、纳米光催化、等离子体放电催化和臭氧杀菌所需时间一般都为数分钟。

（8）利用植物净化空气

绿色植物除了能够美化室内环境外，还能改善室内空气品质。美国宇航局科学家威廉发现绿色植物对居室和办公室的污染空气有很好的净化作用：芦荟能吸收空气中的醛；苯可在常青藤中吸收；龙舌兰则可吸收苯、甲醛和三氯乙烯；吊兰能吸收一氧化碳、甲醛。

威廉又做了大量的实验证实绿色植物吸入化学物质的能力来自于盆栽土壤中的微生物，而不是叶子。与植物同时生长在土壤中的微生物在经历代代遗传后，其吸收化学物质的能力还会加强。可以说绿色植物是普通家庭都能用得起的空气净化器。

有些植物还可以作为室内空气污染物的指示物，例如：

紫花苜蓿：在 SO_2 浓度超过 $0.3\mu L/L$ 时，接触一段时间，就会出现受害的症状。

贴梗海棠：在浓度为 $0.5\mu L/L$ 的臭氧中暴露半小时就会有受害反应。

香石竹、番茄：在浓度为 $0.05\times10^{-6}\sim0.1\mu L/L$ 的乙烯下几个小时，花萼就会发生异常现象。

利用植物对某些环境污染物进行检测是简单而灵敏的。

6.3 绿色建筑声环境及其保障技术

学习目标

掌握绿色住宅建筑室内声环境和降噪保障措施。

6.3.1 基本概念

（1）建筑声环境

指室内音质问题以及振动和噪声控制问题。

（2）理想的声学环境

① 需要的声音（讲话、音乐）能高度保真。

② 不需要的声音（噪声）不会干扰人的工作、学习和生活。

（3）建筑声环境质量保证目的和措施

① 创造一个良好的室内外声学环境。

② 针对振动和噪声的控制。

6.3.2 小区声环境污染

生态小区声环境污染包括室外声环境污染和室内声环境污染。

造成室外声环境污染的噪声源主要有：交通噪声、工业噪声、施工噪声及社会噪声。如生态小区邻近铁路、公路（含高速公路）、城市主干道（含城市高架、轻轨等），就可能由交通噪声对小区造成声污染；如生态小区邻近高噪声工厂（或车间），就可能由工业噪声对小区造成声污染；临近生态小区的建筑工地施工可能对小区造成施工噪声污染；如生态小区临近舞厅、OK厅、体育场（观众观看比赛时的欢呼声，群众集会）、学校操场（广播体操），街头群众自娱自乐的活动均可能对小区造成社会噪声污染。

生态小区室内声环境污染的噪声源主要是：从分户墙、楼板及分户门传入的邻室或楼梯间的讲话声、音乐声、家用电器产生的噪声及各种撞击声；高层住宅电梯运行时产生的噪声；有时还有抽水马桶及污水管道排污时产生的噪声。

6.3.3 噪声的控制技术

（1）噪声控制的基本原理和方法

① 房间的吸声减噪。室内有噪声源的房间，人耳听到的是直达声和房间避免多次反射形成的混响声。

房间吸声减噪量的确定方法：噪声声压级大小与分布取决于房间的形状、各界面材料和家具设备的吸声特性，以及噪声源的性质和位置等因素。

房间吸声减噪法的使用原则：

a. 室内原有平均吸声系数较小时，应用吸声减噪法收效最大。对于室内原有吸声量较大的房间，效果不大。

b. 吸声减噪法仅能减少反射声，因此吸声处理一般只能取得 4～12dB 的降噪效果。

c. 靠近声源且直达声占支配地位的场所，吸声减噪法不会得到理想的降噪效果。

② 减振和隔振。在仪器和基础设备之间加入弹性元件，以减弱振动传递。如空调主机的避振喉。隔振器有橡胶隔振器、金属弹簧、空气弹簧等；隔振垫有橡胶隔振垫、软木、酚醛树脂玻璃纤维板和毛毡。

阻尼减振是由于阻尼作用，将一部分振动能量转变为热能而使振动和噪声降低的方法。做法是在金属板上涂阻尼材料。阻尼材料和阻尼减振措施具有很高的损耗因子，如沥青、天然橡胶、合成橡胶、涂料、高分子材料等。

③ 隔声原理和隔声措施：

a. 把发声的物体封闭在小空间内，如鼓风机、空压机、发电机、水泵封闭在控制室或操作室内。

b. 采用隔声墙、楼板、门、窗。

c. 工艺设备采用隔声罩。

（2）噪声控制的途径

① 降低声源噪声。降低声源噪声辐射是控制噪声根本和有效的措施。声源处即使局部地减弱了辐射强度，也可使在中间传播途径中接收处的噪声控制工作大大简化，可通过改进结构设计、改进加工工艺、提高加工精度、吸声、隔声、减振、安装消声器等控制声源。

② 在传播路径上降低噪声。利用噪声在传播中的自然衰减作用，使噪声源远离安静的地方。

声源的辐射一般有指向性，因此控制噪声的传播方向是降低高频噪声的有效措施。

建立隔声屏障或利用隔声材料和隔声结构来阻挡噪声的传播。

应用吸声材料和吸声结构，将传播中的声能吸收消耗。

对固体振动产生的噪声采取隔振措施，减弱噪声传播。

在建筑总图设计时，应按照"闹静分开"的原则对噪声源的位置合理布置。

③ 接受点的噪声控制。可采用佩戴护耳器，如耳塞、耳罩、防噪头盔等措施并且减少在噪声中暴露的时间。

④ 掩蔽噪声。利用电子设备产生的背景噪声来掩蔽令人讨厌的噪声，以解决噪声控制问题。这种人工噪声被比喻为"声学香料"，可以有效抑制突然干扰人们宁静气氛的声音。

通风系统、均匀交通或办公楼内正常活动的噪声都可以成为人工掩蔽噪声。

在有园林的办公室内，利用通风系统产生的相对较高而又使人易于接受的背景噪声，对掩蔽电话、办公机器和谈话声等噪声有好处，有助于创造一种适宜的宁静环境。

在分组教学教室里，增加分布均匀的背景音乐，更有效地遮掩噪声。

咖啡厅、酒店大堂等背景音乐也有掩蔽噪声的效果。

⑤ 城市噪声控制。城市噪声控制就是把影响建筑声环境的外部干扰降到最低。从建筑规划设计中避免交通噪声、工厂噪声。从技术角度利用临街建筑物作为后面建筑的防噪屏障，加装声屏障。从城市管理角度严格管理施工噪声，对居住区锅炉房、水泵房、变电站采取消声减噪措施，布置在小区边缘角落处，与住宅有适当的防护距离等。

（3）建筑物防噪主要措施

① 采取动静分区的原则进行建筑的平面布置和空间划分，如办公、居住空间不与空调机房、电梯间等设备用房相邻，减少对有安静要求房间的噪声干扰。

② 合理选用建筑围护结构构件，采取有效的隔声、减噪措施，保证室内噪声级和隔声性能符合《民用建筑隔声设计规范》（GB 50118）的要求。

③ 综合控制机电系统和设备的运行噪声，如选用低噪声设备，在系统、设备、管道（风道）和机房采用有效的减振、减噪、消声措施，控制噪声的产生和传播。

6.4 绿色建筑光环境及其保障技术

学习目标

掌握光的性质和度量、视觉与光环境、天然采光、人工照明和绿色建筑光环境主要措施。

6.4.1 光的性质和度量

① 光通量（luminous flux）：指人眼所能感觉到的辐射功率，它等于单位时间内某一波段的辐射能量和该波段的相对视见率的乘积。由于人眼对不同波长光的相对视见率不同，所以不同波长光的辐射功率相等时，其光通量并不相等。

定义：光源在单位时间内以电磁辐射的形式向外辐射的能量称辐射功率或辐射通量（W）；光源的辐射通量中被人眼感觉到的光的能量（波长380～780nm）称光通量。

物理意义：衡量光源向四周发射光的能力的大小。

② 发光强度（luminous intensity）：描述点光源发光强弱的一个基本度量。以点光源在指定方向上的立体角元内所发出的光通量来度量。国际单位是candela（坎德拉），简写为cd（1cd=1lm/sr）。

定义：光源在照射方向上单位立体角内发出的光通量（和距离无关）。

物理意义：反映光源在空间上的能量分布；衡量灯具受灯罩影响在不同方向上的发光能力。

③ 照度（luminosity）：指物体被照亮的程度，采用单位面积所接受的光通量来表示，

表示单位为勒克斯（lux，lx），即 $1m/m^2$。1lx 等于 1lm（lumen，流明）的光通量均匀分布于 $1m^2$ 面积上的光照度。照度是以垂直面所接受的光通量为标准，若倾斜照射则照度下降。常用于了解工作面或工作室所具有的光强度（光环境）。

$$E = \frac{\mathrm{d}F}{\mathrm{d}A}$$

性质：可叠加性。几个光源同时照射被照面时，实际照度为单个光源分别存在时形成照度的代数和。

④ 亮度：指发光体（反光体）表面发光（反光）强弱的物理量。发光体在视线方向单位投影面积上的发光强度称为该发光体的表面亮度，即单位投影面积上的发光强度。亮度的单位是 cd/m^2（坎德拉/米^2）。

亮度是人对光的强度的感受。它是一个主观的量。与亮度不同，由物理定义的客观的相应的量是光强。这两个量在一般的日常用语中往往被混淆。

物理意义是引起视感的物理量，取决于进入眼睛的光通量在视网膜物象上的密度/物象照度。

光亮度是将某一正在发射光线的表面的明亮程度定量表示出来的量，在光度单位中，它是唯一能引起眼睛视感觉的量。物体表面在各个方向的物理亮度不一定相同。

6.4.2 视觉与光环境

（1）颜色对视觉的影响及颜色产生的心理效果

① 颜色量不是一个单纯的物理量，包括心理量。它涉及物理光学、生理学以及心理物理学。颜色包括表现色和物体色。

表现色：直接看到的光源的颜色。

物体色：光投射到物体上，物体对光源的光谱辐射有选择地反射或投射对人体所产生的颜色感觉称为物体色。

明度是眼睛对光源和物体表面的明暗程度的感觉，主要是由光线强弱决定的一种视觉经验，对轻重感的影响比色相大。

② 歌德把颜色分为积极色和消极色。

情绪感觉：

积极色：暖色调＋高亮度。

消极色：冷色调＋低照度。

温度感觉：主观温差效果可达 3～4℃。

大小轻重感觉：高明度者大而轻，低明度者小而重。

③ 色适应是人们工作、学习、生活中对照明光色度感觉的偏爱。

清晨时，照明系统提供高色温（是表示光源光色的尺度）和高照度的照明，清新的冷色光使人精神十足；

午餐时，降低的照度和暖色光有助于人们放松；

午饭后，人们通常会感到困倦，这时照度又升高，且改为冷白色，以避免午饭后打盹；

在下班前，转变为稍冷的白光，以使人们在回家的路上保持警觉。

（2）视觉功效舒适的光环境要素

视觉功效：人借助视觉器官完成一定视觉作业的能力。通常用完成作业的速度和精度来评定视觉功效。除了人的因素外，在客观上，它既取决于作业对象的大小、形状、位置、作业细节与背景的亮度对比等作业本身固有的特性，也与照明密切相关。在一定范围内，随着照明的改善，视觉功效会有显著的提高。研究视觉功效与照明之间的定量关系可为制定照明标准提供视觉方面的依据。

（3）舒适光环境要素与评价标准

① 适当的照度或亮度水平。物体的亮度取决于照度，照度过大，会使物体过亮，易引起视觉疲劳和灵敏度降低。

② 合理的照度分布。空间内照度最大值、最小值和平均值相差不超过 1/6 是可以接受的。

③ 舒适的亮度分布。防止产生眩光，加重眼睛瞬时适应的负担，提高人的工作效率。

④ 宜人的光色。

⑤ 避免眩光干扰。当视野内出现高亮度或过大亮度对比时，会引起视觉上的不舒适、厌烦或视觉疲劳，这种高亮度或亮度对比称为眩光。

⑥ 光的方向性。方向性不能太强，否则会出现生硬的阴影；也不能过分漫射，以致被照射体没有立体感，平淡无奇。

6.4.3 天然采光

最好的照明实际上是来自天然光线，而人工照明一般都是静态的，与天然采光相比，缺少了活力。人工光源需要耗费大量常规能源，自然采光是对自然资源的利用。自然采光房间可以满足室内人员和室内外视觉沟通的心理需求，提高工作效率；无窗的房间无法满足人对日光和外界环境接触的需求。建筑光环境采光设计评价因素：是否节能；是否改善了建筑内部环境质量。

（1）天然光与人工光的视觉效果

人眼习惯于在天然光下视看物体；人眼在天然光下比在人工光下有更高的灵敏度，尤其在低照度下或视看小物体时，这种视觉区别更加显著；在相同照度条件下，天然光的视觉工作能力高于人工光，天然光的视觉效果优于人工光。天然光的光质好，形成的照明质量高。

（2）光气候分区

简单地说就是室外阳光照度。我国根据室外总照度年平均值将其划分为Ⅰ～Ⅴ类。

（3）不同采光口形式及其对室内光环境的影响

① 侧窗：它是在房间的一侧或两侧墙上开的采光口，是最常见的一种采光形式。适用场合：用于进深不大的房间采光，例如教室、住宅、办公室。

② 天窗：利用房屋屋顶设置的采光口称天窗，这种采光方式称天窗采光或顶部采光。

适用场合：大型工业厂房和大厅房间。

特点：采光效率高，约为侧窗的 8 倍；照度均匀性较好；很少受到室外的遮挡。

天窗又可分为多种形式，如矩形天窗、锯齿形天窗、平天窗、横向天窗和井式天窗。

a. 矩形天窗：采光效率低，眩光小，便于组织通风；适用于工业厂房；与侧窗联合形成在风压与热压作用下的联合自然通风。

b. 锯齿形天窗：单面顶部采光，顶棚为倾斜面，利用顶棚的反射光，提高采光效率，使阳光不直射，减小了室内温湿度的波动。

c. 平天窗：采光口位于水平面或接近水平，采光效率高，不宜兼做通风口；会有大量阳光直射入室内，引起室内过冷或过热；同时容易污染，影响透光性能。

（4）不同用途建筑对采光口形式的要求与采光口的选择

① 对于不允许阳光直射的房间，如纺织车间，常用锯齿形天窗作为采光口，使射入室内阳光最少。

② 对于有通风要求的房间，如展览馆建筑，主要以采光为主，通风次之，可选用高侧窗或平天窗。对于有大量余热或有害气体产生的车间，矩形天窗通风效果最好。对于有烟气

污染的车间，由于通风带烟尘会污染玻璃而影响采光，应将通风口与采光口分开一定距离布置。

③ 对于需要保温隔热的房间，开窗面积大虽然节约了照明能耗，但却造成了几倍于照明能耗的采暖空调能耗，应注意各类建筑能耗之间的平衡，达到经济的开窗面积。

④ 对于有爆炸危险的房间，可设置大面积泄爆窗，从窗的面积和构造处理上解决减压问题，但需注意眩光和过热。

6.4.4 人工照明

人工照明也就是灯光照明或室内照明，它是夜间主要光源，同时又是白天室内光线不足时的重要补充。人工照明环境具有功能和装饰两方面的作用。

从功能上讲，建筑物内部的天然采光要受到时间和场合的限制，所以需要通过人工照明补充，在室内造成一个人为的光亮环境，满足人们视觉工作的需要。

从装饰角度讲，除了满足照明功能之外，还要满足美观和艺术上的要求，这两方面是相辅相成的。

根据建筑功能不同，两者的比重各不相同，如工厂、学校等工作场所需从功能来考虑，而在休息、娱乐场所则强调艺术效果。

（1）照明方式

照明方式是指照明设备按其安装部位或光的分布而构成的基本制式。就安装部位而言，有一般照明（包括分区一般照明）、局部照明和混合照明等。按光的分布和照明效果可分为直接照明和间接照明。选择合理的照明方式，对改善照明质量、提高经济效益和节约能源等有重要作用，并且还关系到建筑装修的整体艺术效果。

① 一般照明　不考虑局部的特殊需要，为照亮整个室内而采用的照明方式。一般照明由对称排列在顶棚上的若干照明灯具组成，室内可获得较好的亮度分布和照度均匀度，所采用的光源功率较大，而且有较高的照明效率。这种照明方式耗电大，布灯形式较呆板。

一般照明方式适用于无固定工作区或工作区分布密度较大的房间，以及照度要求不高但又不会导致出现不能适应的眩光和不利光向的场所，如办公室、教室等。

均匀布灯的一般照明，其灯具距离与高度的比值不宜超过所选用灯具的最大允许值，并且边缘灯具与墙的距离不宜大于灯间距离的1/2，可参考有关的照明标准设置。

② 分区一般照明　为提高特定工作区照度，常采用分区一般照明。根据室内工作区布置的情况，将照明灯具集中或分区集中设置在工作区的上方，以保证工作区的照度，并将非工作区的照度适当降低为工作区的1/5～1/3。分区一般照明不但可以改善照明质量，获得较好的光环境，而且节约能源。分区一般照明适用于某一部分或几部分需要有较高照度的室内工作区，并且工作区是相对稳定的。如旅馆大门厅中的总服务台、客房，图书馆中的书库等。

③ 局部照明　为满足室内某些部位的特殊需要，在一定范围内设置照明灯具的照明方式。通常将照明灯具装设在靠近工作面的上方。局部照明方式在局部范围内以较小的光源功率获得较高的照度，同时也易于调整和改变光的方向。局部照明方式常用于下述场合，例如局部需要有较高照度的，由于遮挡而使一般照明照射不到某些范围的，需要减小工作区内反射眩光的，为加强某方向光照以增强建筑物质感的。但在长时间持续工作的工作面上仅有局部照明容易引起视觉疲劳。

④ 混合照明　由一般照明和局部照明组成的照明方式。

混合照明是在一定的工作区内由一般照明和局部照明的配合起作用，保证应有的视觉工作条件。良好的混合照明方式可以做到：增加工作区的照度，减少工作面上的阴影和光斑，在垂直面和倾斜面上获得较高的照度，减少照明设施总功率，节约能源。

混合照明方式的缺点是视野内亮度分布不均。为了减少光环境中的不舒适程度，混合照明中的一般照明的照度应占该等级混合照明总照度的5%～10%，且不宜低于20lx。

混合照明方式适用于有固定的工作区、照度要求较高并需要有一定可变光的方向照明的房间，如医院的牙科治疗室、缝纫车间等。

（2）进行室内照明的组织设计时须考虑的因素

① 光照环境质量因素。合理控制光照度，使工作面照度达到规定的要求，避免光线过强和照度不足两个极端。

② 安全因素。在技术上给予充分考虑，避免发生触电和火灾事故，这一点特别是在公共娱乐性场所尤为重要。因此，必须考虑安全措施以及标志明显的疏散通道。

③ 室内心理因素。灯具的布置、颜色等与室内装修相互协调，室内空间布局，家具陈设与照明系统相互融合，同时考虑照明效果对视觉工作者造成的心理反应以及在构图、色彩、空间感、明暗、动静以及方向性等方面是否达到视觉上的满意、舒适和愉悦。

④ 经济管理因素。考虑照明系统的投资和运行费用，以及是否符合照明节能的要求和规定，考虑设备系统管理维护的便利性，以保证照明系统正常高效运行。

（3）人工光环境质量及其评价标准

① 照度水平。照度水平的合理选择：不同场合，照度要求不同，应兼顾房间使用目的、舒适性与经济性确定合理的照度。

② 适宜的亮度分布。亮度对比越大，越易产生眩光，越容易造成视觉疲劳。

室内各表面亮度比、照度比应按适宜选择。

被观察物亮度应控制在相近环境的3倍；室内各表面亮度应低于被观察物亮度的1/10。窗户、灯具亮度应控制在被观察物亮度的40倍以内。

③ 光源的色温与显色性。通过选择合理的光源和照明方式实现。

④ 眩光及其他。眩光特点：在视野内出现高亮度的光时，使眼睛不能完全发挥机能的现象。在眩光下，瞳孔会缩小，以提高视野的适应亮度，也就降低了眼睛的视觉敏感度。

通常有直接眩光、间接眩光、失能眩光、不舒适眩光。

眩光产生的原因：不恰当的自然采光口；不合理的光亮度；不恰当的强光方向……

可能产生眩光的地方：玻璃办公桌面；局部照明的展板；不恰当的工作面照明……

黄种人眼睛的黑色素较白种人的多，对眩光的忍受力比白种人强。白种人比黄种人的耐暗能力强。

6.4.5 绿色建筑光环境主要措施

① 设计采光性能最佳的建筑朝向，发挥天井、庭院、中庭的采光作用，使天然光线能照亮人员经常停留的室内空间。

② 采用自然光调控设施，如采用反光板、反光镜、集光装置等，以改善室内的自然光分布。

③ 办公和居住空间开窗能有良好的视野。

④ 室内照明尽量利用自然光，如不具备自然采光条件，可利用光导纤维引导照明，以充分利用阳光，减少白天对人工照明的依赖。

⑤ 照明系统采用分区控制、场景设置等技术措施，有效避免过度使用和浪费。

⑥ 分级设计一般照明和局部照明，将满足低标准的一般照明与符合工作面照度要求的局部照明相结合。

⑦ 局部照明可调节，以有利于使用者的健康和照明节能。

⑧ 采用高效、节能的光源、灯具和电器附件。

6.4.6 建筑人工照明技术

（1）选用绿色照明产品

尽量选用光效高、寿命长、使用方便的光源。如：紧凑型节能荧光灯、细管径高光效直管型荧光灯（T5、T8），金属卤化物灯、无极感应灯、微波硫灯、光纤、半导体照明光源（LED）等。

（2）选用高效率灯具

① 注重灯具效率。

② 选用光利用系数高的灯具。

③ 选用高光通量维持率的灯具。

④ 灯具布置均匀合理。

⑤ 采用节能型镇流器。

（3）选用智能化照明控制系统

照明控制与光源、灯具、线路一起构成了照明系统，控制系统决定了照明系统运行的调节程度和功能。

（4）可再生能源利用

① 太阳能光伏效应。

② 对风能的利用——"风光互补"。

③ 人工照明和自然采光的综合运用。

6.5 绿色建筑室内热湿环境控制

 学习目标

掌握建筑室内热湿环境控制技术。

6.5.1 建筑热湿环境基本概念

（1）围护结构的热作用形式

围护结构的热作用过程无论是通过围护结构的传热传湿还是通过室内产热产湿，其作用形式都包括对流换热（对流质交换）、导热（水蒸气渗透）和辐射三种形式。

得热（heat gain，HG）：某时刻在内外扰作用下进入房间的总热量叫做该时刻的得热。如果得热<0，意味着房间失去热量。

围护结构热过程特点：由于围护结构热惯性的存在，通过围护结构的得热量与外扰之间存在着衰减和延迟的关系。

（2）非透明围护结构外表面所吸收的太阳辐射热

不同的表面对辐射的波长有选择性，黑色表面对各种波长的辐射几乎都是全部吸收，而白色表面可以反射几乎90%的可见光。

围护结构的表面越粗糙、颜色越深，吸收率就越高，反射率越低。

（3）太阳辐射在玻璃中的传递过程

普通玻璃的光谱透过率在80%左右。

将具有低发射率、高红外反射率的金属（铝、铜、银、锡等），使用真空沉积技术，在玻璃表面沉积一层极薄的金属涂层，这样就制成了 Low-E（lowemissivity）玻璃。其对太阳辐射有高透和低透的不同性能。

阳光照射到单层半透明薄层时，半透明薄层对于太阳辐射的总反射率、吸收率和透过率是阳光在半透明薄层内进行反射、吸收和透过的无穷次反复之后的无穷多项之和。

阳光照射到双层半透明薄层时，还要考虑两层半透明薄层之间的无穷次反射，以及再对反射辐射的透过。

（4）室外空气综合温度

围护结构外表面与环境的长波辐射换热 QL 包括大气长波辐射以及来自地面和周围建筑和其他物体外表面的长波辐射。

由于热惯性存在，通过围护结构的传热量和温度的波动幅度与外扰波动幅度之间存在衰减和延迟的关系。衰减和滞后的程度取决于围护结构的蓄热能力。

（5）玻璃窗的种类与热工性能

窗框型材有木框、铝合金框、铝合金断热框、塑钢框、断热塑钢框等；玻璃层间可充空气、氮、氩、氪等或有真空夹层；玻璃层数有单玻、双玻、三玻等，玻璃类别有普通透明玻璃、有色玻璃、低辐射（Low-E）玻璃等；玻璃表面可以有各种辐射阻隔性能的镀膜，如反射膜、Low-E 膜、有色遮光膜等，或在两层玻璃之间的空间中架一层对近红外线高反射率的热镜膜。

我国民用建筑最常见的是铝合金框或塑钢框配单层或双层普通透明玻璃，双层玻璃间为空气夹层，北方地区很多建筑装有两层单玻窗。商用建筑有采用有色玻璃或反射镀膜玻璃的。

发达国家寒冷地区的住宅则多装有充惰性气体的双玻窗，商用建筑多采用高绝热性能的 Low-E 玻璃窗。不同结构的窗有着不同的热工性能。

在白天，通过玻璃窗的太阳辐射得热；在夜间除了通过玻璃窗的传热以外，还有由于天空夜间辐射导致的散热量。采用 Low-E 玻璃可减少夜间辐射散热。通过玻璃窗的温差传热量和天空长波辐射的传热量可通过各层玻璃的热平衡求得。

（6）遮阳方式

现有遮阳方式包括内遮阳（普通窗帘、百叶窗帘）和外遮阳（挑檐、可调控百叶、遮阳棚）以及窗玻璃间遮阳（夹在双层玻璃间的百叶窗帘，百叶可调控）。我国目前常见遮阳方式为内遮阳（窗帘）和外遮阳（屋檐、遮雨檐、遮阳棚）。

6.5.2 绿色建筑热湿环境调节技术

（1）绿色建筑整体设计

建筑室内热湿环境形成的最主要原因是各种外扰和内扰的影响，外扰主要包括室外气候参数如室外空气温湿度、太阳辐射、风速、风向变化以及邻室的空气温湿度等，均可通过围护结构的传热传湿空气渗透使热量和湿量进入到室内，对室内热湿环境产生影响。内扰主要包括室内设备、照明、人员等室内热湿源。如能在建筑设计阶段充分考虑建筑所在地域气候特征，通过建筑围护结构本身设计减少夏季热量获取和冬季热量损失，则可以减轻机械采暖空调设备在建筑后期运行的压力，从而通过合理的建筑结构设计营造舒适、健康、节能的绿色建筑。

（2）自然资源在绿色建筑上的体现

自然资源在绿色建筑上的体现包括冬季保温采暖、夏季隔热降温、自然通风、自然采光等方面。利用自然资源的绿色建筑在建造过程中将产生不可避免的较高投资，但如果能够在日后建筑使用期间合理使用，则在建筑全寿命周期中，相比较普通用能建筑，能够在很大程度上达到节约能源的效果。

（3）不可再生能源的使用

以上两方面设计都是通过建筑物自身设计来实现最大限度地利用自然资源对建筑物室内热湿环境进行控制，在此基础上，如还不能满足建筑环境要求，则需要借助不可再生能源为建筑提供相应的环境需求量，即采用主动式采暖空调系统。集中式供热或空调系统需要消耗电能、燃料等大量不可再生能源，但只要能够将建筑设计成被动式采暖通风以及主动式供热空调系统相结合，就能够大幅度降低不可再生能源的使用，达到既能节约能源又能营造舒适室内热湿环境的目的，用最小的成本实现绿色建筑社会和经济效应的最大化。

6.5.3 绿色建筑调节热湿环境的节能措施

（1）围护结构节能措施

围护结构的耗热量要占建筑采暖热耗的 1/3 以上，通过改善建筑物围护结构的热工性能，在夏季可减少室外热量传入室内，在冬季可减少室内热量的流失，使建筑热环境得以改善，从而减少建筑冷热消耗。

（2）太阳能系统在绿色建筑中的使用

太阳能系统在绿色建筑中分为被动式和主动式太阳能系统两种，被动式太阳能通过建筑围护结构设计以自然方式收集和传递太阳辐射热，主动式太阳能系统则需要通过在建筑上加装的太阳能采集及转换设备来利用太阳能资源建筑对太阳能的利用主要包括两大方面：

① 利用太阳能集热系统，例如提供生活热水、取暖（或制冷）等，其中又以热水供应系统的应用最为广泛。

② 太阳能光电系统，即将太阳辐射中的能量直接转化为电能，为建筑的设备系统提供清洁的能源。

（3）采暖空调系统节能措施

① 室内排风余热回收　空调系统中一般采用回风循环使用的方法来达到节能效果，即将一部分回风与室外新风混合，经过空调机组处理后送入室内，但当室内空气质量与室外有较大差异不能直接回收利用时，应对排风进行余热回收。室内回风在排至室外以前，先和室外进入的新风经显热回收器进行显热交换，经能量回收后再排到室外，而室外进入的新风则经过显热回收器后夏季温度降低、冬季温度升高，而达到能量回收的目的。在北方寒冷地区使用显热回收器应注意防冻问题，一般来讲，显热回收器最大能回收 50% 左右的能量，而全热回收器则最大能回收 80% 左右的能量。

② 使用地源热泵作为空调系统冷热源　空调系统冷热源通常分为自然冷热源和人工冷热源。自然冷热源包括太阳能、地热能等提供的能源；人工冷热源则是以油、煤、燃气作为燃料产生的蒸汽和热水作为供热、制冷、用电制冷等。近年来地源热泵在国家节能减排的政策促进下得到了较快的发展，地源热泵是一种利用地下浅层地热资源的既可以供热又可以制冷的高效节能环保型空调系统，按天然资源形式可以分为土壤源热泵、地下水热泵和地表水热泵。

③ 实行采暖分户热计量　集中供暖是我国北方城市主要的采暖形式，采用热量分户计量，按热量收取采暖费用，能够提高公众的节能意识，使公众积极参与节能活动，响应可持续发展的号召。对于采暖系统间歇性运行的大型建筑，通过分户计量的合理运行管理，能够不需要采暖的时间段大幅度减少能源浪费。对于一个大型供热系统来说，水泵耗电量很大，供热系统分户控制后，由于用户的节能调节而造成的供热负荷的变化，系统除了可以采用质调节的方法调节外，还可以采用变流量调节手段适应负荷的变化，并通过使用变频泵等具体

措施减少运行费用。

6.6 室内环境质量的评价标准

学习目标

掌握绿色室内环境质量评价标准。

6.6.1 控制项

① 主要功能房间的室内噪声级应满足现行国家标准《民用建筑隔声设计规范》（GB 50118）中的低限要求。

② 主要功能房间的外墙、隔墙、楼板和门窗的隔声性能应满足现行国家标准《民用建筑隔声设计规范》（GB 50118）中的低限要求。

③ 建筑照明数量和质量应符合现行国家标准《建筑照明设计标准》（GB 50034）的规定。

④ 采用集中供暖空调系统的建筑，房间内的温度、湿度、新风量等设计参数应符合现行国家标准《民用建筑供暖通风与空气调节设计规范》（GB 50736）的规定。舒适性空调的室内设计参数如表 6-4 所示。

二维码 18　室内空气质量标准

表 6-4　舒适性空调的室内设计参数

季节	温度/℃	相对湿度/%	风速/(m/s)
夏季	24～28	40～65	≤0.3
冬季	18～22	40～60	≤0.2

⑤ 在室内设计温、湿度条件下，建筑围护结构内表面不得结露。

⑥ 屋顶和东西外墙隔热性能应满足现行国家标准《民用建筑热工设计规范》（GB 50176）的要求。

⑦ 室内空气中的氨、甲醛、苯、总挥发性有机物、氡等污染物浓度应符合现行国家标准《室内空气质量标准》（GB/T 18883）的有关规定，如表 6-5 所示。

表 6-5　民用建筑工程室内环境污染物浓度限量

污染物	Ⅰ类民用建筑工程	Ⅱ类民用建筑工程
氡/(Bq/m³)	≤200	≤400
甲醛/(mg/m³)	≤0.08	≤0.1
苯/(mg/m³)	≤0.09	≤0.09
氨/(mg/m³)	≤0.2	≤0.2
TVOC/(mg/m³)	≤0.5	≤0.6

6.6.2 评分项

（1）室内声环境

① 主要功能房间室内噪声级，评价总分值为 6 分。噪声级达到现行国家标准《民用建

筑隔声设计规范》(GB 50118) 中的低限标准限值和高要求标准限值的平均值，得 3 分；达到高要求标准限值，得 6 分。

② 主要功能房间的隔声性能良好，评价总分值为 9 分，按下列规则分别评分并累计：

a. 构件及相邻房间之间的空气声隔声性能达到现行国家标准《民用建筑隔声设计规范》(GB 50118) 中的低限标准限值和高要求标准限值的平均值，得 3 分；达到高要求标准限值，得 5 分；

二维码 19　隔声计算

二维码 20　室内背景
噪声计算

b. 楼板的撞击声隔声性能达到现行国家标准《民用建筑隔声设计规范》(GB 50118) 中的低限标准限值和高要求标准限值的平均值，得 3 分；达到高要求标准限值，得 4 分。

③ 采取减少噪声干扰的措施，评价总分值为 4 分，按下列规则分别评分并累计：

a. 建筑平面、空间布局合理，没有明显的噪声干扰，得 2 分；

b. 采用同层排水或其他降低排水噪声的有效措施，使用率不小于 50%，得 2 分。

④ 公共建筑中的多功能厅、接待大厅、大型会议室和其他有声学要求的重要房间进行专项声学设计，满足相应功能要求，评价分值为 3 分。

（2）室内光环境与视野

① 建筑主要功能房间具有良好的户外视野，评价分值为 3 分。对居住建筑，其与相邻建筑的直接间距超过 18m；对公共建筑，其主要功能房间能通过外窗看到室外自然景观，无明显视线干扰。

② 主要功能房间的采光系数满足现行国家标准《建筑采光设计标准》(GB 50033) 的要求，评价总分值为 8 分，并按下列规则评分：

a. 居住建筑：卧室、起居室的窗地面积比达到 1/7，得 6 分；达到 1/6，得 8 分。

b. 公共建筑：根据主要功能房间采光系数满足现行国家标准《建筑采光设计标准》(GB 50033) 要求的面积比例，按表 6.6 所示的规则评分，最高得 8 分。

表 6.6　公共建筑主要功能房间采光系数满足现行国家标准
《建筑采光设计标准》(GB 50033) 要求的面积比例评分规则

面积比例 R_A	得分
$60\% \leqslant R_A < 65\%$	4
$65\% \leqslant R_A < 70\%$	5
$70\% \leqslant R_A < 75\%$	6
$75\% \leqslant R_A < 80\%$	7
$R_A \geqslant 80\%$	8

③ 改善建筑室内天然采光效果，评价总分值为 14 分，按下列规则分别评分并累计：

a. 主要功能房间有合理的控制眩光措施，得 6 分；

b. 内区采光系数满足采光要求的面积比例达到 60%，得 4 分；

c. 根据地下空间平均采光系数不小于 0.5% 的面积与首层地下室面积的比例，按表 6.7

所示的规则评分，最高得 4 分。

面积比例 R_A	得分
$5\% \leqslant R_A < 10\%$	1
$10\% \leqslant R_A < 15\%$	2
$15\% \leqslant R_A < 20\%$	3
$R_A \geqslant 20\%$	4

（3）室内热湿环境

① 采取可调节遮阳措施，降低夏季太阳辐射得热，评价总分值为 12 分。外窗和幕墙透明部分中，有可控遮阳调节措施的面积比例达到 25%，得 6 分；达到 50%，得 12 分。

② 供暖空调系统末端现场可独立调节，评价总分值为 8 分。供暖、空调末端装置可独立启停的主要功能房间数量比例达到 70%，得 4 分；达到 90%，得 8 分。

（4）室内空气质量

① 优化建筑空间、平面布局和构造设计，改善自然通风效果，评价总分值为 13 分，并按下列规则评分：

二维码 21　照度计照明功率密度计算

a. 居住建筑：按下列 2 项的规则分别评分并累计：通风开口面积与房间地板面积的比例在夏热冬暖地区达到 10%，在夏热冬冷地区达到 8%，在其他地区达到 5%，得 10 分；设有明卫，得 3 分。

b. 公共建筑：根据在过渡季典型工况下主要功能房间平均自然通风换气次数不小于 2 次/h 的数量比例，按表 6.8 所示的规则评分，最高得 13 分。

表 6.8　公共建筑过渡季典型工况下主要功能房间平均自然通风
换气次数不小于 2 次/h 的数量比例评分规则

房间数量比例 R_R	得分	房间数量比例 R_R	得分
$60\% \leqslant R_R < 65\%$	6	$80\% \leqslant R_R < 85\%$	10
$65\% \leqslant R_R < 70\%$	7	$85\% \leqslant R_R < 90\%$	11
$70\% \leqslant R_R < 75\%$	8	$90\% \leqslant R_R < 95\%$	12
$75\% \leqslant R_R < 80\%$	9	$R_R \geqslant 95\%$	13

二维码 22　单位风量耗功率计算

② 气流组织合理，评价总分值为 7 分，按下列规则分别评分并累计：

a. 重要功能区域供暖、通风与空调工况下的气流组织满足热环境参数设计要求，得 4 分；

b. 避免卫生间、餐厅、地下车库等区域的空气和污染物串通到其他空间或室外活动场所，得 3 分。

③ 主要功能房间中人员密度较高且随时间变化大的区域设置室内空气质量监控系统，评价总分值为 8 分，按下列规则分别评分并累计：

a. 对室内的二氧化碳浓度进行数据采集、分析，并与通风系统联动，得 5 分；

b. 实现室内污染物浓度超标实时报警，并与通风系统联动，得 3 分。

④ 地下车库设置与排风设备联动的一氧化碳浓度监测装置，评价分值为 5 分。

6.6.3 世界卫生组织(WHO)定义的"健康住宅"15 条标准

根据世界卫生组织的定义，健康住宅是指能够使居住者在身体上、精神上、社会上完全处于良好状态的住宅，健康住宅有 15 项标准：

① 会引起过敏症的化学物质的浓度很低。

② 为满足第一点的要求，尽可能不使用易散的化学物质的胶合板、墙体装修材料等。

③ 设有换气性能良好的换气设备，能将室内污染物质排至室外，特别是对高气密性、高隔热性来说，必须采用具有管的中央换气系统，进行定时换气。

④ 在厨房灶具或吸烟处要设局部排气设备。

⑤ 起居室、卧室、厨房、厕所、走廊、浴室等要全年保持在 17～27℃之间。

⑥ 室内的湿度全年保持在 40%～70%之间。

⑦ 二氧化碳要低于 $1000\mu L/L$。

⑧ 悬浮粉尘浓度要低于 $0.15mg/m^2$。

⑨ 噪声要小于 50dB。

⑩ 一天的日照确保在 3h 以上。

⑪ 设置足够亮度的照明设备。

⑫ 住宅具有足够的抗自然灾害的能力。

⑬ 具有足够的人均建筑面积，并确保私密性。

⑭ 住宅要便于护理老龄者和残疾人。

⑮ 因建筑材料中含有有害挥发性有机物质，所有住宅竣工后要隔一段时间才能入住，在此期间要进行换气。

项目实训

（1）实训内容

进行建筑室内环境质量的设计实训（指导教师选择一个真实的工程项目或学校实训场地，带学生实训操作），熟悉建筑室内环境质量的基本知识，从污染源控制、通风设计和室内空气净化等方面进行全过程模拟训练，熟悉建筑室内环境质量技术要点和国家相应的规范要求。

（2）实训目的

通过课堂学习结合课下实训使学生熟练掌握建筑建筑室内环境质量和国家相应的规范要求，提高学生进行建筑室内环境质量应用的综合能力。

（3）实训要点

① 让学生通过对建筑室内环境质量技术的运行与实训，加深对建筑室内环境质量国家标准的理解，掌握建筑室内环境质量设计要点，进一步加强对专业知识的理解。

② 分组制订计划与实施。培养学生团队协作的能力，掌握建筑室内环境质量技术和经验。

（4）实训过程

① 实训准备要求

a. 做好实训前相关资料查阅，熟悉建筑室内环境质量有关的规范要求。

b. 准备实训所需的工具与材料。

② 实训要点

a. 实训前做好交底。

b. 制订实训计划。

c. 分小组进行，小组内部分工合作。

③ 实训操作步骤

a. 按照建筑室内环境质量要求，选择建筑室内环境方案。

b. 进行建筑室内环境设计。

c. 进行建筑室内环境质量性能分析。

d. 做好实训记录和相关技术资料整理。

e. 进行小组互评和最终评定。

④ 教师指导点评和疑难解答。

⑤ 实地观摩。

⑥ 进行总结。

（5）实训项目基本步骤表

步　骤	教师行为	学生行为
1	交代工作任务背景,引出实训项目	①分好小组 ②准备实训工具、材料和场地
2	布置建筑室内环境质量实训应做的准备工作	
3	使学生明确建筑室内环境质量设计实训的步骤	
4	学生分组进行实训操作,教师巡回指导	完成建筑室内环境质量实训全过程
5	结束指导点评实训成果	自我评价或小组评价
6	实训总结	小组总结并进行经验分享

（6）实训小结

项目：　　　　　　　　　　　　　　指导老师：

项目技能	技能达标分项	备　注
室内环境质量	①方案完善　　　　　　得 0.5 分 ②准备工作完善　　　　得 0.5 分 ③设计过程准确　　　　得 1.5 分 ④设计图纸合格　　　　得 1.5 分 ⑤分工合作合理　　　　得 1 分	根据职业岗位所需、技能需求,学生可以补充完善达标项
自我评价	对照达标分项　　　　得 3 分为达标 对照达标分项　　　　得 4 分为良好 对照达标分项　　　　得 5 分为优秀	客观评价
评议	各小组间互相评价 取长补短,共同进步	提供优秀作品观摩学习

自我评价＿＿＿＿＿＿＿＿　　　　　　　个人签名＿＿＿＿＿＿＿

小组评价　达标率＿＿＿＿＿　　　　　　组长签名＿＿＿＿＿＿＿

　　　　　　良好率＿＿＿＿＿

　　　　　　优秀率＿＿＿＿＿

年　　　月　　　日

小 结

　　室内空气质量是指室内空气中与人体健康有关的物理、化学、生物和放射性参数。人生约有 80％的时间是在建筑物内度过的，所呼吸的空气主要来自于室内，与室内污染物接触的机会和时间均多于室外。

　　室内空气污染是指在室内空气正常成分之外，又增加了新的成分，或原有的成分增加，其数量、浓度和持续时间超过了室内空气的自净能力，而使空气质量发生恶化，对人们的健康和精神状态、生活、工作等方面产生影响的现象。

　　绿色建筑空气环境保障技术包括污染源控制、通风和室内空气净化等。

　　污染源控制是指从源头着手避免或减少污染物的产生；或利用屏障设施隔离污染物，不让其进入室内环境。

　　通风是借助自然作用力或机械作用力将不符合卫生标准的被污染的空气排放至室外或排至空气净化系统，同时将新鲜空气或净化后空气送入室内。

　　室内空气净化是利用特定的净化设备将室内被污染的空气净化后循环回到室内或排至室外。

　　生态小区声环境污染包括室外声环境污染和室内声环境污染。

　　绿色建筑室内环境质量评价标准包括控制项和评分项。

习 题

1. 什么是室内空气质量？建筑室内空气环境现状如何？
2. 建筑室内空气环境问题的起因有哪些？
3. 室内不同污染物的来源分别有哪些？
4. 室内空气质量对人体健康有哪些危害？
5. 室内空气污染源控制方法有哪些？
6. 室内通风措施有哪些？
7. 物理吸附有何主要特征？
8. 静电吸附工作原理是什么？
9. 绿色植物对室内空气净化有何作用？
10. 绿色建筑室内空气质量评价标准包括哪些内容？

7

绿色建筑施工管理

内容提要

本项目以绿色施工为对象，主要讲述绿色施工的基本概念、原则、基本要求和绿色施工整体框架、绿色施工管理和绿色施工技术措施、绿色施工管理评价标准等内容，并在实训环节提供绿色施工专项技术实训项目，作为本教学单元的实践训练项目，以供学生训练和提高。

技能目标

• 通过对绿色施工的概念的学习，巩固已学的绿色施工的基本知识，了解绿色施工的基本概念、原则、基本要求和绿色施工整体框架。

• 通过对绿色施工技术的学习，要求学生掌握绿色施工管理、环境保护技术要点、节材与材料资源利用技术要点、节水与水资源利用的技术要点、节能与能源利用技术要点、节地与施工用地保护等技术要点。

• 通过对绿色施工新技术的学习，要求学生了解基坑施工封闭降水技术、施工过程水回收利用技术、预拌砂浆技术、外墙外保温体系施工技术等绿色施工新技术。

• 通过对绿色施工评价标准的学习，掌握建筑工程绿色施工评价标准，能够对建筑工程绿色施工进行评价。

本单元是为了全面训练学生对绿色施工的掌握能力，检查学生对绿色施工内容知识的理解和运用程度而设置的。

项目导入

在我国经济快速发展的现阶段，建筑业大量消耗资源能源，也对环境有较大影响。 我国尚处于经济快速发展阶段，年建筑量世界排名第一，建筑规模已经占到世界的 45%。 建筑业每年消耗大量能源资源。 如我国已连续 19 年蝉联世界第一水泥生产大国，因水泥生产排放的二氧化碳高达 5.5 亿吨，而美国仅为 0.5 亿吨；我国年混凝土搅拌与养护用自来水 10 亿吨，而国家每年缺水 60 亿吨。

建筑垃圾问题也相当严重。 据北京、上海两地统计，施工 1 万平方米的建筑垃圾达 500～600t，均是由新材料演变而生，属施工环节中明显的浪费资源、浪费材料。

这些高污染、高消耗的数字令人触目惊心。

绿色施工作为建筑全寿命周期中的一个重要阶段，是实现建筑领域资源节约和节能减排的关键环节。 绿色施工是指工程建设中，在保证质量、安全等基本要求的前提下，通过科学管理和技术进步，最大限度地节约资源并减少对环境负面影响的施工活动，实现节能、节地、节水、节材和环境保护（"四节一环保"）。实施绿色施工，应依据因地制宜的原则，贯彻执行国家、行业和地方相关的技术经济政策。

7.1 绿色施工的概念

学习目标

了解绿色施工的基本概念、原则、基本要求和绿色施工整体框架。

7.1.1 绿色施工的基本概念

绿色施工是指工程建设中，通过施工策划、材料采购，在保证质量、安全等基本要求的前提下，通过科学管理和技术进步，最大限度地节约资源与减少对环境负面影响的施工活动，强调的是从施工到工程竣工验收全过程的节能、节地、节水、节材和环境保护（"四节一环保"）的绿色建筑核心理念。

实施绿色施工，应依据因地制宜的原则，贯彻执行国家、行业和地方相关的技术经济政策。绿色施工应是可持续发展理念在工程施工中全面应用的体现，绿色施工并不仅仅是指在工程施工中实施封闭施工，没有尘土飞扬，没有噪声扰民，在工地四周栽花、种草，实施定时洒水等这些内容，它涉及可持续发展的各个方面，如生态与环境保护、资源与能源利用、社会与经济的发展等内容。

7.1.2 绿色施工原则

绿色施工是建筑全寿命周期中的一个重要阶段。实施绿色施工，应进行总体方案优化。在规划、设计阶段，应充分考虑绿色施工的总体要求，为绿色施工提供基础条件。

实施绿色施工，应对施工策划、材料采购、现场施工、工程验收等各阶段进行控制，加强对整个施工过程的管理和监督。绿色施工基本原则如下。

（1）减少场地干扰、尊重基地环境

绿色施工要减少场地干扰。工程施工过程会严重扰乱场地环境，这一点对于未开发区域的新建项目尤其严重。场地平整、土方开挖、施工降水、永久及临时设施建造、场地废物处理等均会对场地上现存的动植物资源、地形地貌、地下水位等造成影响；还会对场地内现存的文物、地方特色资源等带来破坏，影响当地文脉的继承和发扬。因此，施工中减少场地干扰、尊重基地环境对于保护生态环境、维持地方文脉具有重要的意义。业主、设计单位和承包商应当识别场地内现有的自然、文化和构筑物特征，并通过合理的设计、施工和管理工作将这些特征保存下来。可持续的场地设计对于减少这种干扰具有重要的作用。就工程施工而言，承包商应结合业主、设计单位对承包商使用场地的要求，制订满足这些要求的、能尽量减少场地干扰的场地使用计划。计划中应明确：

① 场地内哪些区域将被保护、哪些植物将被保护，并明确保护的方法。

② 怎样在满足施工、设计和经济方面要求的前提下，尽量减少清理和扰动的区域面积，尽量减少临时设施、减少施工用管线。

③ 场地内哪些区域将被用作仓储和临时设施建设，如何合理安排承包商、分包商及各工种对施工场地的使用，减少材料和设备的搬动。

④ 各工种为了运送、安装和其他目的对场地通道的要求。

⑤ 废物将如何处理和消除，如有废物回填或填埋，应分析其对场地生态、环境的影响。

⑥ 怎样将场地与公众隔离。

（2）施工结合气候

承包商在选择施工方法、施工机械，安排施工顺序，布置施工场地时应结合气候特征。这可以减少因为气候原因而带来的施工措施的增加，资源和能源用量的增加，有效地降低施工成本；可以减少因为额外措施对施工现场及环境的干扰；可以有利于施工现场环境质量品质的改善和工程质量的提高。

承包商要能做到施工结合气候，首先要了解现场所在地区的气象资料及特征，主要包括降雨、降雪资料，如全年降雨量、降雪量、雨季起止日期、一日最大降雨量等；气温资料，如年平均气温、最高、最低气温及持续时间等；风的资料，如风速、风向和风的频率等。

施工结合气候的主要体现有：

① 承包商应尽可能合理地安排施工顺序，使会受到不利气候影响的施工工序能够在不利气候来临时完成。如在雨季来临之前，完成土方工程、基础工程的施工，以减少地下水位上升对施工的影响，减少其他需要增加的额外雨季施工保证措施。

② 安排好全场性排水、防洪，减少对现场及周边环境的影响。

③ 施工场地布置应结合气候，符合劳动保护、安全、防火的要求。产生有害气体和污染环境的加工厂（如沥青熬制、石灰熟化）及易燃的设施（如木工棚、易燃物品仓库）应布置在下风向，且不危害当地居民；起重设施的布置应考虑风、雷电的影响。

④ 在冬季、雨季、风季、炎热夏季施工时，应针对工程特点，尤其是对混凝土工程、土方工程、深基础工程、水下工程和高空作业等，选择适合的季节性施工方法或有效措施。

（3）绿色施工要求节水节电环保

节约资源（能源）建设项目通常要使用大量的材料、能源和水资源。减少资源的消耗、节约能源、提高效益、保护水资源是可持续发展的基本观点。施工中资源（能源）的节约主要有以下几方面内容：

① 水资源的节约利用。通过监测水资源的使用，安装小流量的设备和器具，在可能的场所重新利用雨水或施工废水等措施来减少施工期间的用水量，降低用水费用。

② 节约电能。通过监测利用率，安装节能灯具和设备、利用声光传感器控制照明灯具，采用节电型施工机械，合理安排施工时间等降低用电量，节约电能。

③ 减少材料的损耗。通过更仔细的采购，合理的现场保管，减少材料的搬运次数，减少包装，完善操作工艺，增加摊销材料的周转次数等降低材料在使用中的消耗，提高材料的使用效率。

④ 可回收资源的利用。可回收资源的利用是节约资源的主要手段，也是当前应加强的方向。主要体现在两个方面，一是使用可再生的或含有可再生成分的产品和材料，这有助于将可回收部分从废弃物中分离出来，同时减少了原始材料的使用，即减少了自然资源的消耗；二是加大资源和材料的回收利用、循环利用，如在施工现场建立废物回收系统，再回收或重复利用在拆除时得到的材料，这可减少施工中材料的消耗量或通过销售来增加企业的收入，也可降低企业运输或填埋垃圾的费用。

（4）减少环境污染，提高环境品质

绿色施工要求减少环境污染。工程施工中产生的大量灰尘、噪声、有毒有害气体、废物等会对环境品质造成严重的影响，也将有损于现场工作人员、使用者以及公众的健康。因此，减少环境污染、提高环境品质也是绿色施工的基本原则。提高与施工有关的室内外空气品质是该原则的最主要内容。施工过程中，扰动建筑材料和系统所产生的灰尘，从材料、产品、施工设备或施工过程中散发出来的挥发性有机化合物或微粒均会引起室内外空气品质问题。许多这些挥发性有机化合物或微粒会对健康构成潜在的威胁和损害，需要特殊的安全防护。这些威胁和损伤有些是长期的，甚至是致命的。而且在建造过程中，这些空气污染物也可能渗入邻近的建筑物，并在施工结束后继续留在建筑物内。这种影响尤其对那些需要在房屋使用者在场的情况下进行施工的改建项目更需引起重视。常用的提高施工场地空气品质的绿色施工技术措施可能有：

① 制订有关室内外空气品质的施工管理计划。

② 使用低挥发性的材料或产品。

③ 安装局部临时排风或局部净化和过滤设备。

④ 进行必要的绿化，经常洒水清扫，防止建筑垃圾堆积在建筑物内，储存好可能造成污染的材料。

⑤ 采用更安全、健康的建筑机械或生产方式，如用商品混凝土代替现场混凝土搅拌，可大幅度地消除粉尘污染。

⑥ 合理安排施工顺序，尽量减少一些建筑材料如地毯、顶棚饰面等对污染物的吸收。

⑦ 对于施工时仍在使用的建筑物而言，应将有毒的工作安排在非工作时间进行，并与通风措施相结合，在进行有毒工作时以及工作完成以后，用室外新鲜空气对现场进行通风。

⑧ 对于施工时仍在使用的建筑物而言，将施工区域保持负压或升高使用区域的气压会有助于防止空气污染物污染使用区域。

对于噪声的控制也是防止环境污染、提高环境品质的一个方面。当前中国已经出台了一些相应的规定对施工噪声进行限制。绿色施工也强调对施工噪声的控制，以防止施工扰民。合理安排施工时间，实施封闭式施工，采用现代化的隔离防护设备，采用低噪声、低振动的建筑机械如无声振捣设备等是控制施工噪声的有效手段。

（5）实施科学管理、保证施工质量

实施绿色施工，必须要实施科学管理，提高企业管理水平，使企业从被动地适应转变为主动地响应，使企业实施绿色施工制度化、规范化。这将充分发挥绿色施工对促进可持续发展的作用，增加绿色施工的经济性效果，增加承包商采用绿色施工的积极性。企业通过 ISO 14001 认证是提高企业管理水平、实施科学管理的有效途径。

实施绿色施工，尽可能减少场地干扰，提高资源和材料利用效率，增加材料的回收利用等，但采用这些手段的前提是要确保工程质量。好的工程质量，可延长项目寿命，降低项目日常运行费用，利于使用者的健康和安全，促进社会经济发展，本身就是可持续发展的体现。

7.1.3　绿色施工基本要求

① 我国尚处于经济快速发展阶段，作为大量消耗资源、影响环境的建筑业，应全面实施绿色施工，承担起可持续发展的社会责任。

② 绿色施工导则用于指导绿色施工，在建筑工程的绿色施工中应贯彻执行。

③ 绿色施工是指工程建设中，在保证质量、安全等基本要求的前提下，通过科学管理和技术进步，最大限度地节约资源与减少对环境负面影响的施工活动，实现"四节一环保"（节能、节地、节水、节材和环境保护）。

④ 绿色施工应符合国家的法律、法规及相关的标准规范，实现经济效益、社会效益和环境效益的统一。

⑤ 实施绿色施工，应依据因地制宜的原则，贯彻执行国家、行业和地方相关的技术经济政策。

⑥ 运用 ISO 14000 和 ISO 18000 管理体系，将绿色施工有关内容分解到管理体系目标

中去，使绿色施工规范化、标准化。

⑦ 鼓励各地区开展绿色施工的政策与技术研究，发展绿色施工的新技术、新设备、新材料与新工艺，推行应用示范工程。

7.1.4 绿色施工总体框架

绿色施工导则中绿色施工总体框架由施工管理、环境保护、节材与材料资源利用、节水与水资源利用、节能与能源利用、节地与施工用地保护六个方面组成，如图 7-1 所示。这六个方面涵盖了绿色施工的基本指标，同时包含了施工策划、材料采购、现场施工、工程验收等各阶段的指标的子集。

图 7-1　绿色施工总体框架

《绿色施工导则》作为绿色施工的指导性原则，共有六大块内容：

① 总则；②绿色施工原则；③绿色施工总体框架；④绿色施工要点；⑤发展绿色施工的新技术、新设备、新材料、新工艺；⑥绿色施工应用示范工程。

在这六大块内容中，总则主要是考虑设计、施工一体化问题。施工原则强调的是对整个施工过程的控制。

紧扣"四节一环保"内涵，根据绿色施工原则，结合工程施工实际情况，《绿色施工导则》提出了绿色施工的主要内容，根据其重要性，依次列为：施工管理、环境保护、节材与材料资源利用、节水与水资源利用、节能与能源利用、节地与施工用地保护六个方面。

这六个方面构成了绿色施工总体框架，涵盖了绿色施工的基本指标，同时包含了施工策划、材料采购、现场施工、工程验收等各阶段的指标的子集。

绿色施工总体框架与绿色建筑评价标准结构相同，明确这样的指标体系，是为将来制定《绿色建筑施工评价标准》打基础。

在绿色施工总体框架中，将施工管理放在第一位是有其深层次考虑的。我国工程建设发展的情况是体量越做越大，基础越做越深，所以施工方案是绿色施工中的重大问题。如地下工程的施工，是采用明挖法、盖挖法、暗挖法、沉管法还是冷冻法，会涉及工期、质量、安全、资金投入、装备配置、施工力量等一系列问题，是一个举足轻重的问题，对此《绿色施工导则》在施工管理中，对施工方案确定均有具体规定。

7.2 绿色施工技术措施

学习目标

掌握绿色施工管理、环境保护技术要点、节材与材料资源利用技术要点、节水与水资源利用的技术要点、节能与能源利用技术要点、节地与施工用地保护等技术要点。

绿色施工技术要点包括绿色施工管理、环境保护技术要点、节材与材料资源利用技术要点、节水与水资源利用的技术要点、节能与能源利用技术要点、节地与施工用地保护的技术要点六方面内容，每项内容又有若干项要求。

7.2.1 绿色施工管理

绿色施工管理主要包括组织管理、规划管理、实施管理、评价管理和人员安全与健康管理五个方面。

（1）组织管理

① 建立绿色施工管理体系，并制订相应的管理制度与目标。

② 项目经理为绿色施工第一责任人，负责绿色施工的组织实施及目标实现，并指定绿色施工管理人员和监督人员。

（2）规划管理

编制绿色施工方案。该方案应在施工组织设计中独立成章，并按有关规定进行审批。

绿色施工方案应包括以下内容：

① 环境保护措施。制订环境管理计划及应急救援预案，采取有效措施，降低环境负荷，保护地下设施和文物等资源。

② 节材措施。在保证工程安全与质量的前提下，制订节材措施。如进行施工方案的节材优化，建筑垃圾减量化，尽量利用可循环材料等。

③ 节水措施。根据工程所在地的水资源状况，制订节水措施。

④ 节能措施。进行施工节能策划，确定目标，制订节能措施。

⑤ 节地与施工用地保护措施。制订临时用地指标、施工总平面布置规划及临时用地节地措施等。

（3）实施管理

① 绿色施工应对整个施工过程实施动态管理，加强对施工策划、施工准备、材料采购、现场施工、工程验收等各阶段的管理和监督。

② 应结合工程项目的特点，有针对性地对绿色施工作相应的宣传，通过宣传营造绿色施工的氛围。

③ 定期对职工进行绿色施工知识培训，增强职工绿色施工意识。

（4）评价管理

① 对照本导则的指标体系，结合工程特点，对绿色施工的效果及采用的新技术、新设备、新材料与新工艺进行自评估。

② 成立专家评估小组，对绿色施工方案、实施过程至项目竣工进行综合评估。

（5）人员安全与健康管理

① 制订施工防尘、防毒、防辐射等职业危害的措施，保障施工人员的长期职业健康。

② 合理布置施工场地，保护生活及办公区不受施工活动的有害影响。施工现场建立卫

生急救、保健防疫制度，在安全事故和疾病疫情出现时提供及时救助。

③ 提供卫生、健康的工作与生活环境，加强对施工人员的住宿、膳食、饮用水等生活与环境卫生的管理，明显改善施工人员的生活条件。

绿色施工管理要求：绿色施工管理主要包括组织管理、规划管理、实施管理、评价管理和人员安全与健康管理五个方面。如组织管理要建立绿色施工管理体系，并制订相应的管理制度与目标；规划管理要编制绿色施工方案，该方案应在施工组织设计中独立成章，并按有关规定进行审批。

绿色施工应对整个施工过程实施动态管理，加强对施工策划、施工准备、材料采购、现场施工、工程验收等各阶段的管理和监督。

7.2.2 绿色施工环境保护技术要点

绿色施工环境保护是个很重要的问题。工程施工对环境的破坏很大，大气环境污染的主要来源之一是大气中的总悬浮颗粒，粒径小于 $10\mu m$ 的颗粒可以被人类吸入肺部，对健康十分有害。悬浮颗粒包括了道路尘、土壤尘、建筑材料尘等。《绿色施工导则》（环境保护技术要点）对土方作业阶段、结构安装装饰阶段作业区目测扬尘高度明确提出了量化指标；对噪声与振动控制、光污染控制、水污染控制、土壤保护、建筑垃圾控制、地下设施、文物和资源保护等也提出了定性或定量要求。

（1）扬尘控制

① 运送土方、垃圾、设备及建筑材料等，不污损场外道路。运输容易散落、飞扬、流漏的物料的车辆，必须采取措施封闭严密，保证车辆清洁。施工现场出口应设置洗车槽。

② 土方作业阶段，采取洒水、覆盖等措施，达到作业区目测扬尘高度小于 1.5m，不扩散到场区外。

③ 结构施工、安装装饰装修阶段，作业区目测扬尘高度小于 0.5m。对易产生扬尘的堆放材料应采取覆盖措施；对粉末状材料应封闭存放；场区内可能引起扬尘的材料及建筑垃圾搬运应有降尘措施，如覆盖、洒水等；浇筑混凝土前清理灰尘和垃圾时尽量使用吸尘器，避免使用吹风器等易产生扬尘的设备；机械剔凿作业时可用局部遮挡、掩盖、水淋等防护措施；高层或多层建筑清理垃圾应搭设封闭性临时专用道或采用容器吊运。

④ 施工现场非作业区达到目测无扬尘的要求。对现场易飞扬物质采取有效措施，如洒水、地面硬化、围挡、密网覆盖、封闭等，防止扬尘产生。

⑤ 构筑物机械拆除前，做好扬尘控制计划。可采取清理积尘、拆除体洒水、设置隔挡等措施。

⑥ 构筑物爆破拆除前，做好扬尘控制计划。可采用清理积尘、淋湿地面、预湿墙体、屋面敷水袋、楼面蓄水、建筑外设高压喷雾状水系统、搭设防尘排栅和直升机投水弹等综合降尘。选择风力小的天气进行爆破作业。

⑦ 在场界四周隔挡高度位置测得的大气总悬浮颗粒物（TSP）月平均浓度与城市背景值的差值不大于 $0.08mg/m^3$。

（2）噪声与振动控制

① 现场噪声排放不得超过国家标准《建筑施工场界环境噪声排放标准》（GB 12523—2011）的规定。

② 在施工场界对噪声进行实时监测与控制。监测方法执行国家标准《建筑施工场界噪声测量方法》。

③ 使用低噪声、低振动的机具，采取隔音与隔振措施，避免或减少施工噪声和振动。施工车辆进入现场，严禁鸣笛。

（3）光污染控制

① 尽量避免或减少施工过程中的光污染。夜间室外照明灯加设灯罩，透光方向集中在施工范围。

② 电焊作业采取遮挡措施，避免电焊弧光外泄。

（4）水污染控制

① 施工现场污水排放应达到国家标准《污水综合排放标准》（GB 8978—2008）的要求。

② 在施工现场应针对不同的污水，设置相应的处理设施，如沉淀池、隔油池、化粪池等。

③ 污水排放应委托有资质的单位进行废水水质检测，提供相应的污水检测报告。

④ 保护地下水环境。采用隔水性能好的边坡支护技术。在缺水地区或地下水位持续下降的地区，基坑降水尽可能少地抽取地下水；当基坑开挖抽水量大于 50 万立方米时，应进行地下水回灌，并避免地下水被污染。

⑤ 对于化学品等有毒材料、油料的储存地，应有严格的隔水层设计，做好渗漏液收集和处理。

⑥ 非传统水源和现场循环再利用水在使用过程中，应对水质进行检测。

⑦ 砂浆、混凝土搅拌用水应达到《混凝土拌合用水标准》（JGJ 63）的有关要求，并制订卫生保障措施，避免对人体健康、工程质量以及周围环境产生不良影响。

⑧ 施工现场存放的油料和化学溶剂等物品应设有专门的库房，地面应做防渗漏处理。废弃的油料和化学溶剂应集中处理，不得随意倾倒。

⑨ 施工机械设备检修及使用中产生的油污，应集中汇入接油盘中并定期清理。

⑩ 食堂、盥洗室、淋浴间的下水管线应设置过滤网，并应与市政污水管线连接，保证排水畅通。食堂应设隔油池，并应及时清理。

⑪ 施工现场宜采用移动式厕所，委托环卫单位定期清理。

（5）土壤保护

① 保护地表环境，防止土壤侵蚀、流失。因施工造成的裸土，及时覆盖砂石或种植速生草种，以减少土壤侵蚀；因施工造成容易发生地表径流土壤流失的情况，应采取设置地表排水系统、稳定斜坡、植被覆盖等措施，减少土壤流失。

② 沉淀池、隔油池、化粪池等不发生堵塞、渗漏、溢出等现象。及时清掏各类池内沉淀物，并委托有资质的单位清运。

③ 对于有毒有害废弃物如电池、墨盒、油漆、涂料等应回收后交有资质的单位处理，不能作为建筑垃圾外运，避免污染土壤和地下水。

④ 施工后应恢复施工活动破坏的植被（一般指临时占地内）。与当地园林、环保部门或当地植物研究机构进行合作，在先前开发地区种植当地或其他合适的植物，以恢复剩余空地地貌或科学绿化，补救施工活动中人为破坏植被和地貌造成的土壤侵蚀。

（6）建筑垃圾控制

① 制订建筑垃圾减量化计划，如住宅建筑，每万平方米的建筑垃圾不宜超过 400t。

② 加强建筑垃圾的回收再利用，力争建筑垃圾的再利用和回收率达到 30%，建筑物拆除产生的废弃物的再利用和回收率大于 40%。对于碎石类、土石方类建筑垃圾，可采用地基填埋、铺路等方式提高再利用率，力争再利用率大于 50%。

③ 施工现场应设置封闭式垃圾站（或容器），施工垃圾、生活垃圾应分类存放，并按规定及时清运消纳。对有毒有害废弃物的分类率应达到 100%；对有可能造成二次污染的废弃物必须单独储存、设置安全防范措施和醒目标识。

（7）地下设施、文物和资源保护

① 施工前应调查清楚地下各种设施，做好保护计划，保证施工场地周边的各类管道、管线、建筑物、构筑物的安全运行。

② 施工过程中一旦发现文物，立即停止施工，保护现场，通报文物部门并协助做好工作。

③ 避让、保护施工场区及周边的古树名木。

④ 逐步开展统计分析施工项目的 CO_2 排放量以及各种不同植被和树种的 CO_2 固定量的工作。

7.2.3 节材与材料资源利用技术要点

（1）节材措施

① 图纸会审时，应审核节材与材料资源利用的相关内容，达到材料损耗率比定额损耗率降低 30%。

② 根据施工进度、库存情况等合理安排材料的采购、进场时间和批次，减少库存。

③ 现场材料堆放有序。储存环境适宜，措施得当。保管制度健全，责任落实。

④ 材料运输工具适宜，装卸方法得当，防止损坏和遗洒。根据现场平面布置情况就近卸载，避免和减少二次搬运。

⑤ 采取技术和管理措施提高模板、脚手架等的周转次数。

⑥ 优化安装工程的预留、预埋、管线路径等方案。

⑦ 应就地取材，施工现场 300km 以内生产的建筑材料用量占建筑材料总重量的 70% 以上。

（2）结构材料

① 推广使用预拌混凝土和商品砂浆。准确计算采购数量、供应频率、施工速度等，在施工过程中动态控制。结构工程使用散装水泥。

② 推广使用高强钢筋和高性能混凝土，减少资源消耗。

③ 推广钢筋专业化加工和配送。

④ 优化钢筋配料和钢构件下料方案。钢筋及钢结构制作前应对下料单及样品进行复核，无误后方可批量下料。

⑤ 优化钢结构制作和安装方法。大型钢结构宜采用工厂制作，现场拼装；宜采用分段吊装、整体提升、滑移、顶升等安装方法，减少方案的措施用材量。

⑥ 采取数字化技术，对大体积混凝土、大跨度结构等专项施工方案进行优化。

（3）围护材料

① 门窗、屋面、外墙等围护结构选用耐候性及耐久性良好的材料，施工确保密封性、防水性和保温隔热性。

② 门窗采用密封性、保温隔热性能、隔音性能良好的型材和玻璃等材料。

③ 屋面材料、外墙材料具有良好的防水性能和保温隔热性能。

④ 当屋面或墙体等部位采用基层加设保温隔热系统的方式施工时，应选择高效节能、耐久性好的保温隔热材料，以减小保温隔热层的厚度及材料用量。

⑤ 屋面或墙体等部位的保温隔热系统采用专用的配套材料，以加强各层次之间的粘接或连接强度，确保系统的安全性和耐久性。

⑥ 根据建筑物的实际特点，优选屋面或外墙的保温隔热材料系统和施工方式，例如保温板粘贴、保温板干挂、聚氨酯硬泡喷涂、保温浆料涂抹等，以保证保温隔热效果，并减少材料浪费。

⑦ 加强保温隔热系统与围护结构的节点处理，尽量降低热桥效应。针对建筑物的不同

部位保温隔热特点，选用不同的保温隔热材料及系统，以做到经济适用。

（4）装饰装修材料

① 贴面类材料在施工前，应进行总体排版策划，减少非整块材的数量。

② 采用非木质的新材料或人造板材代替木质板材。

③ 防水卷材、壁纸、油漆及各类涂料基层必须符合要求，避免起皮、脱落。各类油漆及黏结剂应随用随开启，不用时及时封闭。

④ 幕墙及各类预留预埋应与结构施工同步。

⑤ 木制品及木装饰用料、玻璃等各类板材等宜在工厂采购或定制。

⑥ 采用自粘类片材，减少现场液态黏结剂的使用量。

（5）周转材料

① 应选用耐用、维护与拆卸方便的周转材料和机具。

② 优先选用制作、安装、拆除一体化的专业队伍进行模板工程施工。

③ 模板应以节约自然资源为原则，推广使用定型钢模、钢框竹模、竹胶板。

④ 施工前应对模板工程的方案进行优化。多层、高层建筑使用可重复利用的模板体系，模板支撑宜采用工具式支撑。

⑤ 优化高层建筑的外脚手架方案，采用整体提升、分段悬挑等方案。

⑥ 推广采用外墙保温板替代混凝土施工模板的技术。

⑦ 现场办公和生活用房采用周转式活动房。现场围挡应最大限度地利用已有围墙，或采用装配式可重复使用围挡封闭。力争工地临房、临时围挡材料的可重复使用率达到70%。

节材与材料资源利用。绿色施工要点中关于节材与材料资源利用部分，是《绿色施工导则》中很硬的一条，也是《绿色施工导则》的特色之一。此条从节材措施、结构材料、围护材料、装饰装修材料到周转材料，都提出了明确要求。如，模板与脚手架问题。受体制约束，我国工程建设中木模板的周转次数低得惊人，有的仅用一次，连外国专家都抗议我国浪费木材资源的现状。绿色施工规定要优化模板及支撑体系方案，采用工具式模板、钢制大模板和早拆支撑体系，采用定型钢模、钢框竹模、竹胶板代替木模板。

钢筋专业化加工与配送要求。钢筋加工配送可以大量消化通尺钢材（非标准长度钢筋，价格比定尺原料钢筋低200～300元/t），降低原料浪费。

结构材料要求推广使用预拌混凝土和预拌砂浆。准确计算采购数量、供应频率、施工速度等，在施工过程中动态控制。结构工程使用散装水泥。建筑工程所用水泥的30%用于砌筑和抹灰。现场配制质量不稳定，浪费材料，破坏环境，出现开裂、渗漏、空鼓、脱落一系列问题。若采用预拌砂浆后，不仅使用散装水泥，还使工业废弃物的利用成为可能。

据测算，2006年发展散装水泥，减少包装袋94亿只，节省包装费用211.5亿元。由此节约包装纸282.6万吨，折合木材1554.5万立方米；节约电力33.9亿千瓦时，节约水资源7.1亿吨，节约烧碱103.6万吨，节约燃煤367.4万吨，综合能耗节约达807.4万吨标准煤。

如果预拌砂浆在国内工程建设中全面实施，将带动我国水泥散装率提高8～10个百分点，并能有效地带动固体废物的综合利用，经济社会效益显著，是落实循环经济、建设节约型社会、促进节能减排的一项具体行动。

7.2.4 节水与水资源利用技术要点

（1）提高用水效率

① 施工中采用先进的节水施工工艺。

② 施工现场喷洒路面、绿化浇灌不宜使用市政自来水。现场搅拌用水、养护用水应采

取有效的节水措施，严禁无措施浇水养护混凝土。

③ 施工现场供水管网应根据用水量设计布置，管径合理、管路简捷，采取有效措施减少管网和用水器具的漏损。

④ 现场机具、设备、车辆冲洗用水必须设立循环用水装置。施工现场办公区、生活区的生活用水采用节水系统和节水器具，提高节水器具配置比例。项目临时用水应使用节水型产品，安装计量装置，采取针对性的节水措施。

⑤ 施工现场建立可再利用水的收集处理系统，使水资源得到梯级循环利用。

⑥ 施工现场分别对生活用水与工程用水确定用水定额指标，并分别计量管理。

⑦ 大型工程的不同单项工程、不同标段、不同分包生活区，凡具备条件的应分别计量用水量。在签订不同标段分包或劳务合同时，将节水定额指标纳入合同条款，进行计量考核。

⑧ 对混凝土搅拌站点等用水集中的区域和工艺点进行专项计量考核。施工现场建立雨水、中水或可再利用水的搜集利用系统。

（2）非传统水源利用

① 优先采用中水搅拌、中水养护，有条件的地区和工程应收集雨水养护。

② 处于基坑降水阶段的工地，宜优先采用地下水作为混凝土搅拌用水、养护用水、冲洗用水和部分生活用水。

③ 现场机具、设备、车辆冲洗、喷洒路面、绿化浇灌等用水，优先采用非传统水源，尽量不使用市政自来水。

④ 大型施工现场，尤其是雨量充沛地区的大型施工现场建立雨水收集利用系统，充分收集自然降水用于施工和生活中适宜的部位。

⑤ 力争施工中非传统水源和循环水的再利用量大于30%。

（3）用水安全

在非传统水源和现场循环再利用水的使用过程中，应制订有效的水质检测与卫生保障措施，确保避免对人体健康、工程质量以及周围环境产生不良影响。

7.2.5 节能与能源利用技术要点

（1）节能措施

① 制订合理施工能耗指标，提高施工能源利用率。

② 优先使用国家、行业推荐的节能、高效、环保的施工设备和机具，如选用变频技术的节能施工设备等。

③ 施工现场分别设定生产、生活、办公和施工设备的用电控制指标，定期进行计量、核算、对比分析，并有预防与纠正措施。

④ 在施工组织设计中，合理安排施工顺序、工作面，以减少作业区域的机具数量，相邻作业区充分利用共有的机具资源。安排施工工艺时，应优先考虑耗用电能的或其他能耗较少的施工工艺。避免设备额定功率远大于使用功率或超负荷使用设备的现象。

⑤ 根据当地气候和自然资源条件，充分利用太阳能、地热等可再生能源。

（2）机械设备与机具

① 建立施工机械设备管理制度，开展用电、用油计量，完善设备档案，及时做好维修保养工作，使机械设备保持低耗、高效的状态。

② 选择功率与负载相匹配的施工机械设备，避免大功率施工机械设备低负载长时间运行。机电安装可采用节电型机械设备，如逆变式电焊机和能耗低、效率高的手持电动工具等，以利节电。机械设备宜使用节能型油料添加剂，在可能的情况下，考虑回收利用，节约

油量。

③ 合理安排工序，提高各种机械的使用率和满载率，降低各种设备的单位耗能。

（3）生产、生活及办公临时设施

① 利用场地自然条件，合理设计生产、生活及办公临时设施的体形、朝向、间距和窗墙面积比，使其获得良好的日照、通风和采光。南方地区可根据需要在其外墙窗设遮阳设施。

② 临时设施宜采用节能材料，墙体、屋面使用隔热性能好的材料，减少夏天空调、冬天取暖设备的使用时间及耗能量。

③ 合理配置采暖、空调、风扇数量，规定使用时间，实行分段分时使用，节约用电。

（4）施工用电及照明

① 临时用电优先选用节能电线和节能灯具，临电线路合理设计、布置，临电设备宜采用自动控制装置。采用声控、光控等节能照明灯具。

② 照明设计以满足最低照度为原则，照度不应超过最低照度的20％。

7.2.6　节地与施工用地保护技术要点

（1）临时用地指标

① 根据施工规模及现场条件等因素合理确定临时设施，如临时加工厂、现场作业棚及材料堆场、办公生活设施等的占地指标。临时设施的占地面积应按用地指标所需的最低面积设计。

② 要求平面布置合理、紧凑，在满足环境、职业健康与安全及文明施工要求的前提下尽可能减少废弃地和死角，临时设施占地面积有效利用率大于90％。

（2）临时用地保护

① 应对深基坑施工方案进行优化，减少土方开挖和回填量，最大限度地减少对土地的扰动，保护周边自然生态环境。

② 红线外临时占地应尽量使用荒地、废地，少占用农田和耕地。工程完工后，及时对红线外占地恢复原地形、地貌，使施工活动对周边环境的影响降至最低。

③ 利用和保护施工用地范围内原有绿色植被。对于施工周期较长的现场，可按建筑永久绿化的要求，安排场地新建绿化。

（3）施工总平面布置

① 施工总平面布置应做到科学、合理，充分利用原有建筑物、构筑物、道路、管线为施工服务。

② 施工现场搅拌站、仓库、加工厂、作业棚、材料堆场等布置应尽量靠近已有交通线路或即将修建的正式或临时交通线路，缩短运输距离。

③ 临时办公和生活用房应采用经济、美观、占地面积小、对周边地貌环境影响较小，且适合于施工平面布置动态调整的多层轻钢活动板房、钢骨架水泥活动板房等标准化装配式结构。生活区与生产区应分开布置，并设置标准的分隔设施。

④ 施工现场围墙可采用连续封闭的轻钢结构预制装配式活动围挡，减少建筑垃圾，保护土地。

⑤ 施工现场道路按照永久道路和临时道路相结合的原则布置。施工现场内形成环形通路，减少道路占用土地。

⑥ 临时设施布置应注意远近结合（本期工程与下期工程），努力减少和避免大量临时建筑拆迁和场地搬迁。

我国绿色施工尚处于起步阶段，应通过试点和示范工程，总结经验，引导绿色施工的健康发展。各地应根据具体情况，制订有针对性的考核指标和统计制度，制订引导施工企业实施绿色施工的激励政策，促进绿色施工的发展。

7.3 绿色建筑施工管理

学习目标

掌握绿色建筑规范对建设单位、监理单位和施工单位的责任要求。

建筑工程绿色施工应实施目标管理。2014住房与城乡建设部制定《建筑工程绿色施工规范》（GB/T 50905—2014）。参建各方的责任应符合下列规定：

（1）建设单位

① 向施工单位提供建设工程绿色施工的相关资料，保证资料的真实性和完整性。

② 在编制工程概算和招标文件时，建设单位应明确建设工程绿色施工的要求，并提供包括场地、环境、工期、资金等方面的保障。

③ 建设单位应会同工程参建各方接受工程建设主管部门对建设工程实施绿色施工的监督、检查工作。

④ 建设单位应组织协调工程参建各方的绿色施工管理工作。

（2）监理单位

① 监理单位应对建设工程的绿色施工承担监理责任。

② 监理单位应审查施工组织设计中的绿色施工技术措施或专项绿色施工方案，并在实施过程中做好监督检查工作。

（3）施工单位

① 施工单位是建筑工程绿色施工的责任主体，全面负责绿色施工的实施。

② 实行施工总承包管理的建设工程，总承包单位对绿色施工过程负总责，专业承包单位应服从总承包单位的管理，并对所承包工程的绿色施工负责。

③ 施工项目部应建立以项目经理为第一责任人的绿色施工管理体系，负责绿色施工的组织实施及目标实现，制定绿色施工管理责任制度，组织绿色施工教育培训，定期开展自检、考核和评比工作，并指定绿色施工管理人员和监督人员。

④ 在施工现场的办公区和生活区应设置明显的有节水、节能、节约材料等具体内容的警示标识。

⑤ 施工现场的生产、生活、办公和主要耗能施工设备应有节能的控制措施和管理办法。对主要耗能施工设备应定期进行耗能计量检查和核算。

⑥ 施工现场应建立可回收再利用物资清单，制定并实施可回收废料的管理办法，提高废料利用率。

⑦ 应建立机械保养、限额领料、废弃物再生利用等管理与检查制度。

⑧ 施工单位及项目部应建立施工技术、设备、材料、工艺的推广、限制以及淘汰公布的制度和管理方法。

⑨ 施工项目部应定期对施工现场绿色施工实施情况进行检查，做好检查记录，并根据绿色施工情况实施改进措施。

⑩ 施工项目部应按照国家法律、法规的有关要求，做好职工的劳动保护工作。

7.4 绿色施工规范要求

学习目标

掌握绿色建筑施工规范对施工各阶段绿色施工的技术措施和基本要求。

为了在建筑工程中实施绿色施工，达到节约资源、保护环境和施工人员健康的目的，《建筑工程绿色施工规范》对绿色施工提出具体要求。在满足施工质量的前提下，尽量采用技术含量更高的建筑施工新技术。

7.4.1　施工准备

① 建筑工程施工项目应建立绿色施工管理体系和管理制度，实施目标管理。

二维码 23　绿色施工
新技术

② 施工单位应按照建设单位提供的施工周边建设规划和设计资料，施工前做好绿色施工的统筹规划和策划工作，应充分考虑绿色施工的总体要求，为绿色施工提供基础条件，并合理组织一体化施工。

③ 建设工程施工前，应根据国家和地方法律、法规的规定，制订施工现场环境保护和人员安全与健康等突发事件的应急预案。

④ 编制施工组织设计和施工方案时要明确绿色施工的内容、指标和方法。分部分项工程专项施工方案，应涵盖"四节一环保"要求。

⑤ 施工单位应积极推广应用"建筑业十项新技术"。

⑥ 施工现场宜推行电子资料管理档案，减少纸质资料。

7.4.2　土石方与地基工程

（1）一般规定

① 通过有计划地采购，合理的现场保管，减少材料的搬运次数，减少包装，完善操作工艺，增加摊销材料的周转次数等措施降低材料在使用中的消耗，提高材料的使用效率。

② 灰土、灰石、混凝土、砂浆宜采用预拌技术，减少现场施工扬尘，采用电子计量，节约建筑材料。

③ 施工组织设计应结合桩基施工特点，有针对性地制订相应绿色施工措施，主要内容应包括：组织管理措施、资源节约措施、环境保护措施、职业健康与安全措施等。

④ 桩基施工现场应优先选用低噪、环保、节能、高效的机械设备和工艺。

⑤ 土石方工程施工应加强场地保护，施工中减少场地干扰、保护基地环境。施工时应当识别场地内现有的自然、文化和构筑物特征，并通过合理的措施将这些特征保存。

⑥ 土石方工程在选择施工方法、施工机械、安排施工顺序、布置施工场地时应结合气候特征，减少因为气候原因而带来施工措施和资源消耗的增加，同时还应满足以下要求：

a. 合理地安排施工顺序，易受不利气候影响的施工工序应在不利气候到来前完成。

b. 安排好全场性排水、防洪措施，减少对现场及周边环境的影响。

⑦ 土石方工程施工应符合以下要求：

a. 应选用高性能、低噪声、少污染的设备，采用机械化程度高的施工方式，减少使用污染排放量大的各类车辆。

b. 施工区域与非施工区域间设置标准的分隔设施，做到连续、稳固、整洁、美观。

c. 易产生泥浆的施工，应实行硬地坪施工；所有土堆、料堆须采取加盖防止粉尘污染的遮盖物或喷洒覆盖剂等措施。

d. 土石方施工现场大门位置应设置限高栏杆、冲洗车装置；渣土运输车应有防止遗洒和扬尘的措施。

e. 土石方类建筑废料、渣土的综合利用，可采用地基填埋、铺路等方式提高再利用率，再利用率应大于 50%。

f. 搬迁树木应手续齐全；在绿化施工中应科学、合理地使用农药，尽量减少对环境的污染。

⑧ 土石方工程开挖过程应详细勘察，逐层开挖，弃土应合理分类堆放、运输，遇到有腐蚀性的渣土应进行深埋处理，回填土质应满足设计要求。

⑨ 基坑支护结构中有侵入占地红线外的预应力锚杆时，宜采用可拆式锚杆。

（2）土石方工程

① 土石方工程在开挖前应进行挖、填方的平衡计算，综合考虑土石方最短运距和各个项目施工的工序衔接，减少重复挖填，并与城市规划和农田水利相结合，保护环境减少资源浪费。

② 粉尘控制应符合下列规定：

a. 土石方挖掘施工中，表层土和砂卵石覆盖层可以用一般常用的挖掘机械直接挖装，对岩石层的开挖宜采用凿裂法施工，或者采用凿裂法适当辅以钻爆法施工；凿裂和钻孔施工宜采用湿法作业。

b. 爆破施工前，做好扬尘控制计划。应采用清理积尘、淋湿地面、外设高压喷雾状水系统、搭设防尘排栅和直升机投水弹等综合降尘。同时应选择风力小的天气进行爆破作业。

c. 土石方爆破要对爆破方案进行设计，对用药量进行准确计算，注意控制噪声和粉尘扩散。

d. 土石方作业采取洒水、覆盖等措施，使作业区目测扬尘高度小于 1.5m，不扩散到场区外。

e. 四级以上大风天气，不应进行土石方工程的施工作业。

③ 土方作业对施工区域的所有障碍物，包括地下文物、树木、地上高压电线、电杆、塔架和地下管线、电缆、坟墓、沟渠以及原有旧房屋等应按照以下要求采取保护措施：

a. 在文物保护区内进行土方作业时，应采用人工挖土，禁止机械作业。

b. 施工区域内有地下管线或电缆时，禁止用机械挖土，应采用人工挖土，并按施工方案对地下管线、电缆采取保护或加固措施。

c. 高压线塔 10m 范围内，禁止机械土方作业。

d. 发现有土洞、地道（地窖）、废井时，要探明情况，制订专项措施方可施工。

④ 喷射混凝土施工防尘应遵照以下规定：

喷射混凝土施工应采用湿喷或水泥裹砂喷射工艺。采用干法喷射混凝土施工时，应采用下列综合防尘措施：

a. 在保证顺利喷射的条件下，增加骨料含水率。

b. 在距喷头 3～4m 处增加一个水环，用双水环加水。

c. 在喷射机或混合料搅拌处，设置集尘器或除尘器。

d. 在粉尘浓度较高地段，设置除尘水幕。

e. 加强作业区的局部通风。

f. 采用增黏剂等外加剂。

（3）桩基工程

① 工程施工中成桩工艺应根据工程设计，结合当地实际情况，并参照附表控制指标进行优选。综合常用桩基成桩工艺对绿色施工的影响见表7.1。

表7.1 常用桩基成桩工艺对绿色施工的控制指标

桩基类型		绿色施工控制指标				
		环境保护	节材与材料资源利用	节水与水资源利用	节能与能源资源利用	节土与土地资源利用
混凝土灌注桩	人工挖孔	√	√	√	√	√
	干作业成孔	√	√	√	√	√
	泥浆护壁钻孔	√	√	√	√	√
	长螺旋或旋挖钻钻孔	√	√	√	√	√
	沉管和内夯沉管	√	√	√	√	○
混凝土预制桩与钢桩	锤击沉桩	√	○	√	√	○
	静压沉桩	○	○	√	√	○

注："√"表明该类型桩基对对应绿色施工指标有重要影响；"○"表明该类型桩基对对应绿色施工指标有一定影响。

② 混凝土预制桩和钢桩施工时，施工方案应充分考虑施工中的噪声、振动、地层扰动、废气、废油、烟火等对周边环境的影响，制订针对性措施。

③ 混凝土灌注桩施工。

a. 施工现场应设置专用泥浆池，用以存储沉淀施工中产生的泥浆，泥浆池应可以有效防止污水渗入土壤、污染土壤和地下水源；当泥浆池沉积泥浆厚度超过容量的1/3时，应及时清理。

b. 钻孔、冲孔、清孔时清出的残渣和泥浆，应及时装车运至泥浆池内处置。

c. 泥浆护壁正反循环成孔工艺施工现场应设置泥浆分离净化处理循环系统。循环系统包括泥浆池、沉淀池、循环槽、废浆池、泥浆泵、泥浆搅拌设备、钻渣分离装置，并配有排水、清渣、排废浆设施和钻渣运转通道等。施工时泥浆应集中搅拌，集中向钻孔输送。清出的钻渣应及时采用封闭容器运出。

d. 桩身钢筋笼进行焊接作业时，应采取遮挡措施，避免电焊弧光外泄；同时焊渣应随清理随装袋，待焊接完成后，及时将收集的焊渣运至指定地点处置。

e. 市区范围内严禁敲打导管和钻杆。

④ 人工挖孔灌注桩施工。人工挖孔灌注桩施工时，开挖出的土方不得长时间在桩边堆放，应及时运至现场集中堆土处集中处置，并采取覆盖等防尘措施。

⑤ 混凝土预制桩。

a. 混凝土预制桩的预制场地必须平整、坚实，并设沉淀池、排水沟渠等设施。混凝土预制桩制作完成后，作为隔离桩使用的塑料薄膜、油毡等，不得随意丢弃，应收集并集中进行处理。

b. 现场制作预制桩用水泥、砂、石等物料存放应满足混凝土工程中的材料储存要求。水泥应入库存放，成垛码放，砂石应表面覆盖，减少扬尘。

c. 沉淀池、排水沟渠应能防止污水溢出；当污水沉淀物超过容量1/3时，应进行清掏；沉淀池中污水无悬浮物后方可排入市政污水管道或进行绿化降尘等循环利用。

⑥ 振动沉管灌注桩、振动冲击沉管灌注桩施工：控制振动箱振动频率，防止产生较大

噪声，同时应避免对桩身生成破坏，浪费资源。

⑦ 采用射水法沉桩工艺施工时，应为射水装置配备专用供水管道，同时布置好排水沟渠、沉淀池，有组织地将射水产生的多余水或泥浆排入沉淀池沉淀后，循环利用，并减少污水排放。

⑧ 钢桩。

a. 现场制作钢桩应有平整坚实的场地及挡风防雨及排水设施。

b. 钢桩切割下来的剩余部分，应运至专门位置存放，并尽可能再利用，不得随意废弃，浪费资源。

⑨ 地下连续墙。

a. 泥浆制作前应先通过试验确定施工配合比。

b. 施工时应随时测定泥浆性能并及时予以调整和改善满足循环使用的要求。

c. 施工中产生的建筑垃圾应及时清理干净，使用后的旧泥浆应该在成槽之前进行回收处理和利用。

（4）地基处理工程

① 污染土地基处理应遵照以下规定：

a. 进行污染土地基勘察、监测、地基处理施工和检验时，应采取必要的防护措施以防止污染土、地下水等对人体造成伤害或对勘察机具、监测仪器与施工设备造成腐蚀。

b. 处理方法应能够防止污染土对周边地质和地下水环境的二次污染。

c. 污染土地基处理后，必须防止污染土地基与地表水、周边地下水或其他污染物的物质交换，防止污染土地基因化学物质的变化而引起工程性质及周边环境的恶化。

② 换垫法施工：

a. 在回填施工前，填料应采取防止扬尘的措施，避免在大风天气作业。不能及时回填的土方应及时覆盖，控制回填土含水率。

b. 冲洗回填砂石应采用循环水，减少水资源浪费。需要混合和过筛的砂石应保持一定的湿润程度。

c. 机械碾压优先选择静作用压路机。

③ 强夯法施工：

a. 强夯施工前应平整场地，周围做好排水沟渠。同时，应挖设应力释放沟（宽1m×深2m）。

b. 施工前须进行试夯，确定有关技术参数，如夯锤重量、底面直径及落距、下沉量及相应的夯击遍数和总下沉量。在达到夯实效果前提下，应减少夯实次数。

c. 单夯击能不宜超过3000kN·m。

④ 高压喷射注浆法施工：

a. 浆液拌制应在浆液搅拌机中进行，不得超过设备设计允许容量。同时搅拌机应尽量靠近灌浆孔布置，并紧邻灌浆泵。

b. 在灌浆过程中，压浆泵压力数值应控制在设计范围内，不得超压，避免对设备造成损害，浪费资源。压浆泵与注浆管间各部件应密封严密，防止发生泄漏。

c. 灌浆完成后，应及时对设备四周遗洒的垃圾及浆液进行清理收集，并集中运至指定地点处置。

d. 现场应设置适用、可靠的储浆池和排浆沟渠，防止泥浆污染周边土壤及地下水源。

⑤ 挤密桩法施工：

a. 采用灰土回填时，应对灰土提前进行搅拌；采用砂石回填时，砂石应过筛，并冲洗干净，冲洗砂石应采用循环水，减少水资源浪费；砂石应保持一定湿润，避免在过筛和混合过程中产生较大扬尘。

b. 桩位填孔完成后，应及时将桩四周洒落的灰土砂石等收集清扫干净。

（6）地下水控制

① 在缺水地区或地下水位持续下降的地区，基坑施工应选择抽取地下水量较少的施工方案，达到节水的目的。宜选择止水帷幕、封闭降水等隔水性能好的边坡支护技术进行施工。

② 地下水控制、降排水系统应满足以下要求：

a. 降水系统的平面布置图，应根据现场条件合理设计场地，布置应紧凑，并应尽量减少占地。

b. 降水系统中的排水沟管的埋设及排水地点的选择要有防止地面水、雨水流入基坑（槽）的措施。

c. 降水再利用的水收集处理后应就近用于施工中车辆冲洗、降尘、绿化、生活用水等。

d. 降水系统使用的临时用电应设置合理，采用能源利用率高、节能环保型的施工机械设备。

e. 应考虑到水位降低区域内地表及建筑物可能产生的沉降和水平位移，并制订相应的预防措施。

③ 井点降水：

a. 根据水文地质、井点设备等因素计算井点管数量、井点管埋入深度，保持井点管连续工作，且地下水抽排量适当，避免过度抽水对地质、周围建筑物产生影响。

b. 排水总管铺设时，避免直接敲击总管。总管应进行防锈处理，防止锈蚀污染地面。

c. 采用冲孔时应避免孔径过大产生过多泥浆，产生的泥浆排入现场泥浆池沉淀处置。

d. 钻井成孔时，采用泥浆护壁，成孔完成并用水冲洗干净后才准使用；钻井产生的泥浆，应排入泥浆池循环使用。

e. 抽水设备设置专用机房，并有隔声防噪功能，机房内设置接油盘防止油污染。

④ 采用集水明排降水时，应符合下列规定：

a. 基坑降水应储存使用，并应设立循环用水装置。

b. 降水设备应采用能源利用效率高的施工机械设备，同时建立设备技术档案，并应定期进行设备维护、保养。

⑤ 地下水回灌：

a. 施工现场基坑开挖抽水量大于 50 万立方米时，应采取地下水回灌，以保证地下水资源平衡。

b. 回灌时，水质应符合《地下水质量标准》（GB/T 14848—2007）要求，并按《中华人民共和国水污染污染防治法》和《中华人民共和国水法》有关规定执行。

7.4.3 基础及主体结构工程

（1）一般规定

① 在图纸会审时，应增加高强高效钢筋（钢材）、高性能混凝土应用，利用大体积混凝土后期强度等绿色施工的相关内容。

② 钢、木、装配式结构等构件，应采取工厂化加工、现场安装的生产方式；构件的加工和进场顺序应与现场安装顺序一致；构件的运输和存放应采取防止变形和损坏的可靠措施。

③ 钢结构、钢混组合结构、预制装配式结构等大型结构件安装所需的主要垂直运输机械，应与基础和主体结构施工阶段的其他工程垂直运输统一安排，减少大型机械的投入。

④ 应选用能耗低、自动化程度高的施工机械设备，并由专人使用，避免空转。

⑤ 施工现场应采用预拌混凝土和预拌砂浆，未经批准不得采用现场拌制。

⑥ 应制订垃圾减量化计划，每万平方米的建筑垃圾不宜超过 200t，并分类收集、集中堆放，定期处理，合理利用，回收利用率须达到 30% 以上；钢材、板材等下脚料和撒落混凝土及砂浆回收利用率须达到 70% 以上。

⑦ 施工使用的乙炔、氧气、油漆、防腐剂等危险品、化学品的运输、储存、使用及污物排放应采取隔离措施。

⑧ 夜间焊接作业和大型照明灯具工作时，应采取挡光措施，防止强光线外泄。

⑨ 基础与主体结构施工阶段，作业区目测扬尘高度小于 0.5m。对易产生扬尘的堆放材料应采取覆盖措施。

（2）混凝土结构工程

① 钢筋宜采用专用软件优化配料，根据优化配料结果合理确定进场钢筋的定尺长度；在满足相关规范要求的前提下，合理利用短筋。

② 积极推广钢筋加工工厂化与配送方式、应用钢筋网片或成形钢筋骨架；现场加工时，宜采取集中加工方式。

③ 钢筋连接优先采用直螺纹套筒、电渣压力焊等接头方式。

④ 进场钢筋原材料和加工半成品应存放有序、标识清晰、储存环境适宜，采取防潮、防污染等措施，保管制度应健全。

⑤ 钢筋除锈时应采取可靠措施，避免扬尘和土壤污染。

⑥ 钢筋加工中使用的冷却水，应过滤后循环使用。排放时，应按照方案要求处理后排放。

⑦ 钢筋加工产生的粉末状废料，应按建筑垃圾进行处理，不得随地掩埋或丢弃。

⑧ 钢筋安装时，绑扎丝、焊剂等材料应妥善保管和使用，散落的应及时收集利用，防止浪费。

⑨ 模板及其支架应优先选用周转次数多、能回收再利用的材料，减少木材的使用。

⑩ 积极推广使用大模板、滑动模板、爬升模板和早拆模板等工业化模板体系。

⑪ 采用木或竹制模板时，应采取工厂化定型加工、现场安装方式，不得在工作面上直接加工拼装；在现场加工时，应设封闭场所集中加工，采取有效的隔声和防粉尘污染措施。

⑫ 提高模板加工、安装精度，达到混凝土表面免抹灰或减少抹灰厚度。

⑬ 脚手架和模板支架宜优先选用碗扣式架、门式架等管件合一的脚手架材料搭设。

⑭ 高层建筑结构施工，应采用整体提升、分段悬挑等工具式脚手架。

⑮ 模板及脚手架施工应及时回收散落的铁钉、铁丝、扣件、螺栓等材料。

⑯ 短木方应采用叉接接长后使用，木、竹胶合板的边角余料应拼接使用。

⑰ 模板脱模剂应专人保管和涂刷，剩余部分应及时回收，防止污染环境。

⑱ 模板拆除，应采取可靠措施，防止损坏，及时检修维护、妥善保管，提高模板周转率。

⑲ 合理确定混凝土配合比，混凝土中宜添加粉煤灰、磨细矿渣粉等工业废料和高效减水剂。

⑳ 现场搅拌混凝土时，应使用散装水泥；搅拌机棚应有封闭降噪和防尘措施；现场存放的砂、石料应采取有效的遮盖或洒水防尘措施。

㉑ 混凝土应优先采用泵送、布料机布料浇筑，地下大体积混凝土可采用溜槽或串筒浇筑。

㉒ 混凝土振捣应采用低噪声振捣设备或围挡降噪措施。

㉓ 混凝土应采用塑料薄膜和保温材料覆盖保湿、保温养护；当采用洒水或喷雾养护时，养护用水宜使用回收的基坑降水或雨水。

㉔ 混凝土结构冬季施工优先采用综合蓄热法养护，减少热源消耗。

㉕ 浇筑剩余的少量混凝土，应制成小型预制件，严禁随意倾倒或作为建筑垃圾处理。

㉖ 清洗泵送设备和管道的水应经沉淀后回收利用，浆料分离后可作室外道路、地面、散水等垫层的回填材料。

（3）砌体结构工程

① 砌筑砂浆使用干粉砂浆时，应采取防尘措施。

② 采取现场搅拌砂浆时，应使用散装水泥。

③ 砌块运输应采用托板整体包装，减少破损。

④ 块体湿润和砌体养护宜使用经检验合格的非传统水源。

⑤ 混合砂浆掺合料可使用电石膏、粉煤灰等工业废料。

⑥ 砌筑施工时，落地灰应及时清理收集再利用。

⑦ 砌块砌筑时应按照排块图进行；非标准砌块应在工厂加工按比例进场，现场切割时应集中加工，并采取防尘降噪措施。

⑧ 毛石砌体砌筑时产生的碎石块，应用于填充毛石块间空隙，不得随意丢弃。

（4）钢结构工程

① 钢结构深化设计时，应结合加工、安装方案和焊接工艺要求，合理确定分段、分节数量和位置，优化节点构造，尽量减少钢材用量。

② 合理选择钢结构安装方案，大跨度钢结构优先采用整体提升、顶升和滑移（分段累积滑移）等安装方法。

③ 钢结构加工应制订废料减量化计划，优化下料、综合利用下脚料，废料分类收集、集中堆放、定期回收处理。

④ 钢材、零（部）件、成品、半成品件和标准件等产品应堆放在平整、干燥场地或仓库内，防止在制作、安装和防锈处理前发生锈蚀和构件变形。

⑤ 大跨度复杂钢结构的制作和安装前，应采用建筑信息三维技术模拟施工过程，以避免或减少错误或误差。

二维码24　装配式建筑

⑥ 钢结构现场涂装应采取适当措施，减少涂料浪费和对环境的污染。

（5）其他

① 装配式构件应按安装顺序进场，存放应支、垫可靠或设置专用支架，防止变形或损伤。

② 装配式混凝土结构安装所需的埋件和连接件、与室内外装饰装修所需的连接件，应在工厂制作时准确预留、预埋。

③ 钢混组合结构中的钢结构件，应结合配筋情况，在深化设计时确定与钢筋的连接方式，钢筋连接套筒焊接及预留孔应在工厂加工时完成，严禁安装时随意割孔或后焊接。

④ 木结构件连接用铆榫、螺栓孔应在工厂加工时完成，不得在现场制榫和钻孔。

⑤ 建筑工程在升级或改造时，可采用碳纤维等新颖结构加固材料进行加固处理。

⑥ 索膜结构施工时，索、膜应工厂化制作和裁减完成，现场安装。

7.4.4　建筑装饰装修

（1）一般规定

① 建筑装饰装修工程的施工设施和施工技术措施应与基础及结构、机电安装等工程施

工相结合，统一安排，综合利用。

② 建筑装饰装修工程的块材、卷材用料等应进行排板深化设计，在保证质量的前提下，应减少块材的切割量及其产生的边角余料量。

③ 建筑装饰装修工程采用的块材、板材、门窗等应采用工厂化加工。

④ 建筑装饰装修工程的五金件、连接件、构造性构件宜采用工厂化标准件。

⑤ 建筑装饰装修工程使用的动力线路，如施工用电线路、压缩空气管线、液压管线等，应优化缩短线路长度，严禁跑、冒、滴、漏。

⑥ 建筑装饰装修工程施工，宜选用节能、低噪的施工机具，具备电力条件的施工工地不宜选用燃油施工机具。

⑦ 建筑装饰装修工程中采用的需要用水泥或白灰类拌合的材料，如砌筑砂浆、抹灰砂浆、粘贴砂浆、保温专用砂浆等，宜采用预拌，条件不允许的情况下宜采用干拌砂浆，不宜进行现场配制。

⑧ 建筑装饰装修工程中使用的易扬尘材料，如水泥、砂石料、粉煤灰、聚苯颗粒、陶粒、白灰、腻子粉、石膏粉等，应封闭运输、封闭存储。

⑨ 建筑装饰装修工程中使用的易挥发、易污染材料，如油漆涂料、黏结剂、稀释剂、清洗剂、燃油、燃气等，必须采用密闭容器储运，使用时，应使用相应容器盛放，不得随意溢撒或放散。

⑩ 建筑装饰装修工程室内装修前，宜先进行外墙封闭、室外窗户安装封闭、屋面防水等工序。

⑪ 建筑装饰装修工程中受环境温度限制的工序、不易成品保护的工序，应合理地安排。

⑫ 建筑装饰装修工程应采取成品保护措施。

⑬ 建筑装饰装修工程所用材料的包装物应全部分类回收。

⑭ 民用建筑工程室内装修严禁采用沥青、煤焦油类防腐、防潮处理剂。

⑮ 高处作业清理现场时，严禁将施工垃圾从窗口、洞口、阳台等处向外抛撒。

⑯ 建筑装饰装修工程应制订材料节约措施。节材与材料资源利用应满足以下指标：

a. 材料损耗不应超出预算定额损耗率的70%。

b. 应充分利用当地材料资源。施工现场300km以内的材料用量宜占材料总用量的70%以上，或达到材料总价值的50%以上。

c. 材料包装回收率应达到100%。有毒有害物资分类回收率应达到100%。可再生利用的施工废弃物回收率应达到70%以上。

（2）楼、地面工程

① 楼、地面基层处理。

a. 基层粉尘清理应采用吸尘器，如没有防潮要求的，可采用洒水降尘等措施。

b. 基层需要剔凿的，应采用噪声小的剔凿方式，如手钎、电铲等低噪声工具。

② 楼、地面找平层、隔音层、隔热层、防水保护层、面层等使用的砂浆、轻集料混凝土、混凝土等应采用预拌或干拌料，干拌料现场运输、仓储应采用袋装等措施。

③ 水泥砂浆、水泥混凝土、现制水磨石、铺贴板块材等材质的楼、地面在养护期内严禁上人，地面养护用水，应采用喷洒方式，保持表面湿润为宜，严禁养护用水溢流。

④ 水磨石楼、地面磨制。

a. 应有污水回收措施，对污水进行集中处理。

b. 对楼、地面洞口、管线口进行封堵，防止泥浆等进入。

c. 高出楼、地面400mm范围内的成品面层应采取贴膜等防护措施，避免污染。

d. 现制水磨石楼、地面房间装饰装修，宜先进行现制水磨石工序的作业。

⑤ 板块面层楼、地面。

a. 应进行排板设计，在保证质量和观感的前提下，应减少板块材的切割量。

b. 板块材宜采用工厂化下料加工（包括非标尺寸块材），需要现场切割时，对切割用水应有收集装置，室外机械切割应有隔声措施。

c. 采用水泥砂浆铺贴时，砂浆宜边用边拌。

d. 石材、水磨石等易渗透、易污染的材料，应在铺贴前做防腐处理。

e. 严禁采用电焊、火焰对板块材进行切割。

（3）抹灰工程

① 墙体抹灰基层处理。

a. 基层粉尘清理应采用吸尘器，如没有防潮要求的，可采用洒水降尘等措施。

b. 基层需要剔凿的，应采用噪声小的剔凿方式，如手钎、电铲等低噪声工具。

② 落地灰应采取回收措施，经过处理后用于抹灰利用，抹灰砂浆损耗率不应大于5%，落地砂浆应全部回收利用。

③ 抹灰砂浆应严格按照设计要求控制抹灰厚度。

④ 采用的白灰宜选用白灰膏。如采用生石灰，必须采用袋装，熟化要有容器或熟化池。

⑤ 墙体抹灰砂浆养护用水，应以保持表面湿润为宜，严禁养护用水溢流。

⑥ 混凝土面层抹灰，在混凝土施工工艺选择时，宜采用清水混凝土支模工艺，取消抹灰层。

（4）门窗工程

① 外门窗宜采用断桥型、中空玻璃等密封、保温、隔音性能好的型材和玻璃等。

② 门窗固定件、连接件等，宜选用标准件。

③ 门窗制作应采用工厂化加工。

④ 应进行门窗型材的优化设计，减少型材边角余料的剩余量。

⑤ 门窗洞口预留，应严格控制洞口尺寸。

⑥ 门窗制作尺寸应采用现场实际测量，进行核对，避免尺寸有误。

⑦ 门窗油漆应在工厂完成。

⑧ 木制门窗存放应做好防雨、防潮等措施，避免门窗损坏。

⑨ 木制门窗应用铁皮、木板或木架进行保护，塑钢或金属门窗口用贴膜或胶带贴严加保护，玻璃搬运应妥善运输，避免磕碰。

⑩ 外门窗安装操作应与外墙装修同步进行，宜同时使用外墙操作平台。

⑪ 门窗框与墙体之间的缝隙，不得采用含沥青的水泥砂浆、水泥麻刀灰等材料填嵌。

（5）吊顶工程

① 吊顶龙骨间距等在满足质量、安全要求的情况下，应进行优化。

② 吊顶高度应充分考虑吊顶内隐蔽的各种管线、设备，进行优化设计。

③ 应进行隐蔽验收合格后，方可进行吊顶封闭。

④ 吊顶应进行块材排板设计，保证质量、安全前提下，应减少板材、型材切割量。

⑤ 吊顶板块材（非标板材）、龙骨、连接件等宜采用工厂化材料，现场安装。

⑥ 吊顶龙骨、配件以及金属面板、塑料面板等下脚料应全部回收。

⑦ 在满足使用功能的前提下，不宜进行吊顶。

（6）轻质隔墙工程

① 预制板轻质隔墙。

a. 预制板轻质隔墙应对预制板尺寸进行排板设计，避免现场切割。

b. 预制板轻质隔墙应采取工厂加工、现场安装的方式。

c. 预制板轻质隔墙固定件宜采用标准件。

d. 预制板运输应有可靠的保护措施。

e. 预制板的固定需要电锤打孔时，应有降噪、防尘措施。

② 龙骨隔墙。

a. 在满足使用和安全的前提下，宜选用轻钢龙骨隔墙。

b. 轻钢龙骨应采用标准化龙骨。

c. 龙骨隔墙面板应进行排板设计，减少板材切割量。

d. 墙内管线、盒等预埋应进行验收后，方可进行面板安装。

③ 活动隔墙、玻璃隔墙应采用工厂制作、现场安装的方式。

（7）饰面板（砖）工程

① 饰面板应进行排板设计，宜采用工厂下料制作。

② 饰面板（砖）粘贴剂应采用封闭容器存放，应严格计量配合比，应采用容器拌制。

③ 用于安装饰面块材的龙骨和连接件，宜采用标准件。

（8）幕墙工程

① 幕墙应进行安全计算和深化设计。

二维码 25 玻璃幕墙
施工技术

二维码 26 背栓式石材
幕墙技术

② 用于安装饰面块材的龙骨和连接件，宜采用标准件。

③ 幕墙玻璃、石材、金属板材采用工厂加工、现场安装的方式。

④ 幕墙与主体结构的连接件，宜采取预埋方式施工。幕墙构件宜采用标准件。

（9）涂饰工程

① 基层处理找平、打磨应进行扬尘控制。

② 涂料应采用容器存放。

③ 涂料施工应采取措施，防止对周围设施的污染。

④ 涂料施涂宜采用涂刷或滚涂，采用喷涂工艺时，应采取有效遮挡。

⑤ 废弃涂料必须全部回收处理，严禁随意倾倒。

（10）裱糊与软包工程

① 裱糊、软包施工，一般应在其环境中其他易污染工序完成后进行。

② 基层处理打磨应防止扬尘。

③ 裱糊粘贴剂应采用密闭容器存放。

（11）细部工程

① 橱柜、窗帘盒、窗台板、暖气罩、门窗套、楼梯扶手等成品或半成品等宜采用工厂制作，现场安装。

② 橱柜、窗帘盒、窗台板、暖气罩、门窗套、楼梯扶手等成品或半成品固定打孔，应有防止粉尘外泄措施。

③ 现场需要木材切割设备时，应有降噪、防尘及木屑回收措施。

④ 木屑等下脚料应全部回收。

7.4.5 屋面工程

① 屋面施工应搭设可靠的安全防护设施、防雷击设施。

② 屋面结构基层处理应洒水湿润，防止扬尘。

③ 屋面保温层施工，应根据保温材料的特点，制订防扬尘措施。

④ 屋面用砂浆、混凝土应预拌。

⑤ 瓦屋面应进行屋面瓦排板设计，各种屋面瓦及配件应采用工厂制作的方式。屋面瓦应按照屋面瓦的型号、材质特征，进行包装运输，减少破损。

⑥ 屋面焊接应有防弧光外泄遮挡措施。

⑦ 有种植土的屋面，种植土应有防扬尘措施。

⑧ 遇5级以上大风天气，应停止屋面施工。

7.4.6 建筑保温及防水工程

（1）一般规定

① 建筑保温及防水工程的施工设施和施工技术措施应与基础及结构、建筑装饰装修、机电安装等工程施工相结合，统一安排，综合利用。

② 建筑保温及防水工程的块材、卷材用料等应进行排板深化设计，在保证质量的前提下，应减少块材的切割量及其产生的边角余料量。

③ 对于保温材料、防水材料应根据其性能，制订相应的防火、防潮等措施。

（2）建筑保温

① 外墙保温材料选用时，除应考虑材料的吸水率、燃烧性能、强度等指标外，其材料的热导率应满足外墙保温要求。

② 现浇发泡水泥保温。

a. 加气混凝土原材料（水泥、砂浆）宜采用干拌、袋装的方式。

b. 加气混凝土设备应有消音棚。

c. 拌制的加气混凝土宜采用混凝土泵车、管道输送。

d. 搅拌设备、泵送设备、管道等冲洗水应有收集措施。

e. 养护用水应采用喷洒方式，严禁养护用水溢流。

③ 陶瓷保温。

a. 陶瓷外墙板应进行排板设计，减少现场切割。

b. 陶瓷保温外墙的干挂件宜采用标准挂件。

c. 陶瓷切割设备应有消音棚。

d. 固定件打孔产生的粉末应有回收措施。

e. 固定件宜采用机械连接，如需要焊接，应对弧光进行遮挡。

④ 浆体保温。

a. 浆体保温材料宜采用干拌半成品，袋装，避免扬尘。

b. 现场拌合应随用随拌，以免浪费。

c. 现场拌合用搅拌机，应有消音棚。

d. 落地浆体应及时收集利用。

⑤ 泡沫塑料类保温。

a. 当外墙为全现浇混凝土外墙时，宜采用混凝土及外保温一体化施工工艺。

b. 当外露混凝土构件、砌筑外墙采用聚苯板外墙保温材料时，应采取措施，防止锚固件打孔等产生扬尘。

c. 外墙如采用装饰性干挂板时，宜采用保温板及外饰面一体化挂板。

d. 屋面泡沫塑料保温时，应对聚苯板进行覆盖，防止风吹，造成颗粒飞扬。

e. 聚苯板下脚料应全部回收。

⑥ 屋面工程保温和防水宜采用防水保温一体化材料。

⑦ 玻璃棉、岩棉保温材料应封闭存放，剩余材料全部回收。

（3）防水工程

① 防水基层应验收合格后方可进行防水材料的作业，基层处理应防止扬尘。

② 卷材防水层。

a. 在符合质量要求的前提下，对防水卷材的铺贴方向和搭接位置进行优化，减少卷材剪裁量和搭接量。

b. 宜采用自粘型防水卷材。

c. 采用热熔粘贴的卷材时，使用的燃料应采用封闭容器存放，严禁倾洒或溢出。

d. 采用胶粘的卷材时，粘贴剂应为环保型，封闭存放。

e. 防水卷材余料应全部回收。

③ 涂膜防水层。

a. 液态涂抹原料应采用封闭容器存放，严禁溢出污染环境，剩余原料应全部回收。

b. 粉末状涂抹原料，应袋装或采用封闭容器存放，严禁扬尘污染环境，剩余原料应全部回收。

c. 涂膜防水宜采用滚涂或涂刷方式，采用喷洒方式的，应有防止对周围环境污染的措施。

d. 涂膜固化期内严禁上人。

④ 刚性防水层。

a. 混凝土结构自防水施工，严格按照混凝土抗渗等级配置混凝土，混凝土施工缝的留置，在保证质量的前提下，应进行优化，减少施工缝的数量。

b. 采用防水砂浆抹灰的刚性防水，应严格控制抹灰厚度。

c. 采用水泥基渗透结晶型防水涂料的，对混凝土基层进行处理时，应防止扬尘。

⑤ 金属板防水。

a. 采用金属板材作为防水材料的，应对金属板材进行下料设计，提高材料利用率。

b. 金属板焊接时，应有防弧光外泄措施。

⑥ 防水作业宜在干燥、常温环境下进行。

⑦ 闭水试验时，应有防止漏水的应急措施，以免漏水造成对环境的污染和对其他物品的损坏。

⑧ 闭水试验前，应制订有效地回收利用闭水试验用水的措施。

7.4.7 机电安装工程

（1）一般规定

① 机电工程的施工设施和施工技术措施应与基础及结构、装饰装修等工程施工相结合，统一安排，综合利用。

② 机电工程施工前，应包括土建工程在内，进行图纸会审，对管线空间布置、对管线线路长度进行优化。

③ 机电工程的预留预埋应与结构施工、装修施工同步进行，严禁重新剔凿、重新开洞。

④ 机电工程材料、设备的存放、运输应制订保护措施。

（2）建筑给水排水及采暖工程

① 给排水及采暖管道安装前应与通风空调、强弱电、装修等专业做好管绘图的绘制工作，专业间确认无交叉问题且标高满足装修要求后方可进行管道的制作及安装。

② 应加强给排水及采暖管道打压、冲洗及试验用水的排放管理工作。

③ 加强节点处理，严禁冷热桥产生。

④ 管道预埋、预留应与土建及装修工程同步进行，严禁重新剔凿、重新开洞。

⑤ 管道工程进行冲洗、试压时，应制定合理的冲洗、试压方案，成批冲洗、试压，合理安排冲洗、试压次数。

7.4.8 通风与空调工程

① 通风管道安装前应与给排水、强弱电、装修等专业做好管绘图的绘制工作，专业间确认无交叉问题且标高满足装修要求后方进行通风管道的制作及安装。

② 风管制作宜采用工厂电脑下料，集中加工，下料应对不同规格风管优化组合，做到先下大管料、后下小管料，先下长料、后下短料，能拼接的材料在允许范围内要拼接使用，边角料按规格码放，做到物尽其用，避免材料浪费。

③ 空调系统各设备间应进行联锁控制，耗电量大的主要设备应采用变频控制。

④ 设备基础的施工宜在空调设备采购订货完成后进行。

⑤ 加强节点处理，严禁冷热桥产生。

⑥ 空调水管道打压、冲洗及试验用水的排放应有排放措施。系统中排出应进行收集再利用。

⑦ 管道打压、冲洗及试验用水应优先利用施工现场收集的雨水或中水。多层建筑宜采用分层试压的方法，先进行上一楼层管道的水压试验，合格后，将水放至下一层，层层利用，以节约施工用水。

⑧ 风管、水管管道预埋、预留应与土建及装修工程同步进行，严禁重新剔凿、重新开洞。

⑨ 机房设备位置及排列形式应合理布置，宜使管线最短，弯头最少，管路便于连接并留有一定的空间，便于管理操作和维修。

7.4.9 建筑电气工程及智能建筑工程

① 加强与土建的施工配合，提高施工质量，缩短工期，降低施工成本。

a. 施工前，电气安装人员应会同土建施工工程师共同审核土建和电气施工图纸，了解土建施工进度计划和施工方法，尤其是梁、柱、地面、屋面的做法和相互间的连接方式，并仔细地校核自己准备采用的电气安装方法能否和这一项目的土建施工相适应。

b. 针对交叉作业制订科学、详细的技术措施，合理安排施工工序。

c. 在基础工程施工时，应及时配合土建做好强、弱电专业的进户电缆穿墙管及止水挡板的预留预埋工作。

d. 在主体结构施工时，根据土建浇捣混凝土的进度要求及流水作业的顺序，逐层逐段地做好预留预埋配合工作。

e. 在土建工程砌筑隔断墙之前应与土建工长和放线员将水平线及隔墙线核实一遍，电气人员将按此线确定管路预埋的位置及确定各种灯具、开关插座的位置、高程。抹灰之前，电气施工人员应将所有电气工程的预留孔洞按设计和规范要求查对核实一遍，符合要求后将箱盒稳好。

② 采用高性能、低材耗、耐久性好的新型建筑材料；选用可循环、可回用和可再生的建材；采用工业化生产的成品，减少现场作业；遵循模数协调原则，减少施工废料；减少不可再生资源的使用。

③ 电气管线的预埋、预留应与土建及装修工程同步进行，严禁重新剔凿、重新开洞现象。

④ 电线导管暗敷时，宜沿最近的线路敷设并应减少弯曲，注意短管的回收利用，节约材料。

⑤ 不间断电源柜试运行时应有噪声监测，其噪声标准应满足：正常运行时产生的 A 级噪声不应大于 45dB；输出额定电流为 5A 及以下的小型不间断电源噪声，不应大于 30dB。

⑥ 不间断电源安装应注意防止电池液泄漏污染环境，废旧电池应注意回收。

⑦ 锡焊时，为减少焊剂加热时挥发出的化学物质对人体的危害，减少有害气体的吸入量，一般情况下，电烙铁到人体的距离应不少于 20cm，通常以 30cm 为宜。

⑧ 推广免焊接头，尽量减少焊锡锅的使用。

⑨ 电气设备的试运行时间按规定运行，但不应超过规定时间的 1.5 倍。

⑩ 临时用电宜选用低耗低能供电导线，临电线路合理设计、布置，临电设备宜采用自动控制装置，采用声控、光控等节能照明灯具。

⑪ 放线时应由施工员计算好剩余线量，避免浪费。

⑫ 建筑物内大型电气设备的电缆供应应在设计单位对实际用电负荷核算后进行。

7.4.10 电梯工程

① 电梯井结构施工前应确定电梯的有关技术参数，以便做好预留预埋工作。

② 电梯安装过程中，应对导轨、导靴、对重、轿厢、钢丝绳及其他附件按说明书要求进行防护，露天存放时防止受潮。

③ 井道内焊接作业应保证良好通风。

7.4.11 拆除工程

（1）一般规定

① 拆除工程应贯彻环保拆除的原则，应重视建筑拆除物的再生利用，积极推广拆除物分类处理技术。建筑拆除过程产生的废弃物的再利用和回收率应大于 40%。

② 拆除工程施工应制订拆除施工方案。

③ 拆除工程应对其施工时间及施工方法予以公告。

④ 建筑拆除后，场地不应成为废墟，应对拆除后的场地进行生态复原。

⑤ 在恶劣的气候条件下，严禁进行拆除工作。

⑥ 实行"四化管理"。"四化管理"包括强化建筑拆除物"减量化"管理，加强并推进建筑拆除物的"资源化"研究和实践，实行"无害化"处理，推进建筑拆除物利用的"产业化"。

⑦ 应按照"属地负责、合理安排、统一管理、资源利用"的原则，合理确定建筑拆除物临时消纳处置场所。

（2）施工准备

① 拆除施工前应对周边 50m 以内的建筑物及环境情况进行调查，对将受影响的区域予以界定；对周边建筑现状采用裂缝素描、摄影摄像等方法予以记录。

② 拆除施工前应对周边进行必要的围护。围护结构应以硬质板材为主，且应在围护结构上设置警示性标示。

③ 拆除施工前应制订应急救援方案。

④ 在拆除工程作业中，发现不明物体，应停止施工并采取相应的应急措施，保护现场，及时向有关部门报告。

⑤ 根据拆除工程施工现场作业环境，应制订消防安全措施。施工现场应设置消防车通

道，保证充足的消防水源，配备足够的灭火器材。

（3）绿色拆除施工措施

① 拆除工程按建筑构配件的破坏与否可分为保护性拆除和破坏性拆除；按施工方法可分为人工拆除、机械拆除和爆破拆除。

② 保护性拆除。

a. 装配式结构、多层砖混结构和构配件直接利用价值高的建筑应采用完好性拆除。

b. 可采用人工拆除或机械拆除，亦可两种方法配合拆除。

c. 拆除时应按建造施工顺序逆向拆除。

d. 为防粉尘，应对拆除部位用水淋洒，但淋洒后的水不应污染环境。

③ 对建筑构配件直接利用价值不高的建筑物、构筑物可采用破坏性拆除。

a. 破坏性拆除可选用人工拆除、机械拆除或爆破拆除方法，亦可几种方法配合使用。

b. 在正式爆破之前，应进行小规模范围试爆，根据试爆结果修改原设计，采取必要的防护措施确保爆破飞石控制在有效范围内。

c. 当用钻机钻爆破孔时，可采用钻杆带水作业或减少粉尘的措施。

d. 爆破拆除时，可采用悬挂塑料水袋于待爆破拆除建构物各爆点四周或多孔微量爆破的方法。

e. 在爆破完成后，可及时用消防高压水枪进行高空喷洒水雾消尘。

f. 防护材料可选择铁丝网、草袋子和胶皮带等。

g. 对于需要重点防护的范围，应在其附近架设防护排架，其上挂金属网。

④ 当采用爆破拆除时，尽量采用噪声小、对环境影响小的措施，如静力破碎、线性切割等。

a. 采用具有腐蚀性的静力破碎剂作业时，灌浆人员必须戴防护手套和防护眼镜。孔内注入破碎剂后，作业人员应保持安全距离，严禁在注孔区域行走。

b. 静力破碎剂严禁与其他材料混放。

c. 在相邻的两孔之间，严禁钻孔与注入破碎剂同步进行施工。

d. 使用静力破碎发生异常情况时，必须停止作业，查清原因并采取相应措施确保安全后，方可继续施工。

⑤ 对烟囱、水塔等高大建构筑物进行爆破拆除时，爆破拆除设计时应考虑控制建构筑物倒塌时的触地震动，必要时应采取在倒塌范围内铺设缓冲垫层和开挖减震沟。

（4）拆除物的综合利用

① 建筑拆除物处置单位应不得将建筑拆除物混入生活垃圾，不得将危险废弃物混入建筑拆除物。

② 拆除的门窗、管材、电线等完好的材料应回收重新利用。

③ 拆除的砌体部分，能够直接利用的砖应回收重新利用，不能直接利用的宜运送统一的管理场地，可作为路基垫层的填料。

④ 拆除的混凝土经破碎筛分级、处理后，可作为再生骨料配制低强度等级再生骨料混凝土，用于地基加固、道路工程垫层、室内地坪及地坪垫层。

⑤ 拆除的钢筋和钢材（铝材）经分拣、集中、再生利用后，再加工制成各种规格的钢材（铝材）。

⑥ 拆除的木材或竹材可作为模板和建筑用材再生利用，亦可用于制造人造木材或将木材经破碎机粉碎，作为造纸原料或作为燃料使用。

（5）拆除场地的生态复原

① 拆除工程的拆除场地应进行生态复原。

② 拆除工程的生态复原应贯彻生态性和景观性原则与安全性和经济性原则。

③ 当需要生态复原时，拆除施工单位应按拆除后的土地用途进行生态复原。

④ 建筑物拆除后应恢复地表环境，避免土壤被有害物质侵蚀、流失。

⑤ 建筑拆除场地内的沉淀池、隔油池、化粪池等不发生堵塞、渗漏、溢出等现象，并应有应急预案，避免因堵塞、渗漏、溢出等现象而导致对土壤、水等环境的污染。

7.5 绿色建筑施工管理评价标准

学习目标

掌握绿色建筑施工管理的评价标准。

7.5.1 控制项

① 应建立绿色建筑项目施工管理体系和组织机构，并落实各级责任人。

② 施工项目部应制订施工全过程的环境保护计划，并组织实施。

③ 施工项目部应制订施工人员职业健康安全管理计划，并组织实施。

④ 施工前应进行设计文件中绿色建筑重点内容的专项交底。

7.5.2 评分项

（1）环境保护

① 采取洒水、覆盖、遮挡等降尘措施，评价分值为 6 分。

② 采取有效的降噪措施。在施工场界测量并记录噪声，满足现行国家标准《建筑施工场界环境噪声排放标准》（GB 12523）的规定，评价分值为 6 分。

③ 制定并实施施工废弃物减量化、资源化计划，评价总分值为 10 分，按下列规则分别评分并累计：

a. 制订施工废弃物减量化、资源化计划，得 3 分；

b. 可回收施工废弃物的回收率不小于 80%，得 3 分；

c. 根据每 10000m² 建筑面积的施工固体废弃物排放量，按表 7.2 所示的规则评分，最高得 4 分。

表 7.2　每 10000m² 建筑面积施工固体废弃物排放量评分规则

每 10000m² 建筑面积施工固体废弃物排放量 SW_c/t	得分
$350 < SW_c \leqslant 400$	1
$300 < SW_c \leqslant 350$	3
$SW_c \leqslant 300$	4

（2）资源节约

① 制订并实施施工节能和用能方案，监测并记录施工能耗，评价总分值为 8 分，按下列规则分别评分并累计：

a. 制订并实施施工节能和用能方案，得 1 分；

b. 监测并记录施工区、生活区的能耗，得 3 分；

c. 监测并记录主要建筑材料、设备从供货商提供的货源地到施工现场运输的能耗，得 3 分；

d. 监测并记录建筑施工废弃物从施工现场到废弃物处理/回收中心运输的能耗，得 1 分。

② 制订并实施施工节水和用水方案，监测并记录施工水耗，评价总分值为 8 分，按下列规则分别评分并累计：

a. 制订并实施施工节水和用水方案，得 2 分；

b. 监测并记录施工区、生活区的水耗数据，得 4 分；

c. 监测并记录基坑降水的抽取量、排放量和利用量数据，得 2 分。

③ 减少预拌混凝土的损耗，评价总分值为 6 分。损耗率降低至 1.5%，得 3 分；降低至 1.0%，得 6 分。

④ 采取措施降低钢筋损耗，评价总分值为 8 分，并按下列规则评分：

a. 80% 以上的钢筋采用专业化生产的成形钢筋，得 8 分。

b. 根据现场加工钢筋损耗率，按表 7.3 所示的规则评分，最高得 8 分。

表 7.3 现场加工钢筋损耗率评分规则

现场加工钢筋损耗率 LR_{sb}	得分
$3.5\% < LR_{sb} \leqslant 4.0\%$	4
$1.5\% < LR_{sb} \leqslant 3.0\%$	6
$LR_{sb} \leqslant 1.5\%$	8

⑤ 使用工具式定型模板，增加模板周转次数，评价总分值为 10 分，根据工具式定型模板使用面积占模板工程总面积的比例按表 7.4 所示的规则评分。

表 7.4 工具式定型模板使用面积占模板工程总面积比例评分规则

工具式定型模板使用面积占模板工程总面积的比例 R_{sf}	得分
$50\% \leqslant R_{sf} < 70\%$	6
$70\% \leqslant R_{sf} < 85\%$	8
$R_{sf} \geqslant 85\%$	10

（3）过程管理

① 实施设计文件中绿色建筑重点内容，评价总分值为 4 分，按下列规则分别评分并累计：

a. 参建各方进行绿色建筑重点内容的专项会审，得 2 分；

b. 施工过程中以施工日志记录绿色建筑重点内容的实施情况，得 2 分。

② 严格控制设计文件变更，避免出现降低建筑绿色性能的重大变更，评价分分值为 4 分。

③ 施工过程中采取相关措施保证建筑的耐久性，评价总分值为 8 分，按下列规则分别评分并累计：

a. 对保证建筑结构耐久性的技术措施进行相应检测并记录，得 3 分；

b. 对有节能、环保要求的设备进行相应检测并记录，得 3 分；

c. 对有节能、环保要求的装修装饰材料进行相应检测并记录，得 2 分。

④ 实现土建装修一体化施工，评价总分值为 14 分，按下列规则分别评分并累计：

a. 工程竣工时主要功能空间的使用功能完备，装修到位，得 3 分；

b. 提供装修材料检测报告、机电设备检测报告、性能复试报告，得 4 分；

c. 提供建筑竣工验收证明、建筑质量保修书、使用说明书，得 4 分；

d. 提供业主反馈意见书，得 3 分。

⑤ 工程竣工验收前，由建设单位组织有关责任单位，进行机电系统的综合调试和联合试运转，结果符合设计要求，评价分值为 8 分。

项目实训

（1）实训内容

进行绿色施工的项目实训（指导教师选择一个真实的工程项目或学校实训场地，带学生实训操作），熟悉绿色施工技术和管理的基本知识，从绿色施工管理、环境保护、节材与材料资源利用、节水与水资源利用、节能与能源利用、节地与施工用地保护等方面进行全过程模拟训练，熟悉绿色施工管理技术要点和国家相应的规范要求。

（2）实训目的

通过课堂学习结合课下实训使学生熟练掌握绿色施工和国家绿色施工导则的要求，提高学生进行绿色施工管理的综合能力。

（3）实训要点

① 让学生通过对绿色施工的运行与实训，加深对绿色施工国家标准的理解，掌握绿色施工管理要点，进一步加强对专业知识的理解。

② 分组制订计划与实施。培养学生团队协作的能力，掌握绿色施工管理技术和获取经验。

（4）实训过程

① 实训准备要求

a. 做好实训前相关资料查阅，熟悉绿色施工有关的规范要求。

b. 准备实训所需的工具与材料。

② 实训要点

a. 实训前做好交底。

b. 制订实训计划。

c. 分小组进行，小组内部分工合作。

③ 实训操作步骤

a. 按照绿色施工要求，选择绿色施工方案。

b. 模拟进行绿色施工方案的编制。

c. 进行绿色施工成果分析。

d. 做好实训记录和相关技术资料整理。

e. 进行小组互评和最终评定。

④ 教师指导点评和疑难解答。

⑤ 实地观摩。

⑥ 进行总结。

（5）实训项目基本步骤表

步　骤	教师行为	学生行为
1	交代工作任务背景,引出实训项目	①分好小组 ②准备实训工具、材料和场地
2	布置绿色施工实训应做的准备工作	
3	使学生明确绿色施工实训的步骤	
4	学生分组进行实训操作,教师巡回指导	完成绿色施工实训全过程
5	结束指导点评实训成果	自我评价或小组评价
6	实训总结	小组总结并进行经验分享

（6）实训小结

项目：		指导老师：
项目技能	技能达标分项	备　注
绿色建筑 施工管理	①方案完善　　　　　得 0.5 分 ②准备工作完善　　　得 0.5 分 ③设计过程准确　　　得 1.5 分 ④施工措施合理　　　得 1.5 分 ⑤分工合作合理　　　得 1 分	根据职业岗位所需、技能需求，学生可以补充完善达标项
自我评价	对照达标分项　　　得 3 分为达标 对照达标分项　　　得 4 分为良好 对照达标分项　　　得 5 分为优秀	客观评价
评议	各小组间互相评价 取长补短，共同进步	提供优秀作品观摩学习

自我评价＿＿＿＿＿＿＿＿＿　　　　　　个人签名＿＿＿＿＿＿＿

小组评价　达标率＿＿＿＿＿　　　　　　组长签名＿＿＿＿＿＿＿
　　　　　　良好率＿＿＿＿＿
　　　　　　优秀率＿＿＿＿＿
　　　　　　　　　　　　　　　　　年　　　月　　　日

小　结

　　绿色施工作为建筑全寿命周期中的一个重要阶段，是实现建筑领域资源节约和节能减排的关键环节。绿色施工是指工程建设中，在保证质量、安全等基本要求的前提下，通过科学管理和技术进步，最大限度地节约资源并减少对环境负面影响的施工活动，实现节能、节地、节水、节材和环境保护（"四节一环保"）。

　　环境保护是按照法律法规、各级主管部门和企业的要求，保护和改善作业现场的环境，控制现场的各种粉尘、废水、废气、固体废弃物、噪声、振动等对环境的污染和危害。环境保护也是文明施工的重要内容之一。

　　为保障作业人员的身体健康和生命安全，改善作业人员的工作环境与生活环境，防止施工过程中各类疾病的发生，建设工程施工现场应加强卫生与防疫工作。

　　绿色施工技术要点包括绿色施工管理、环境保护技术要点、节材与材料资源利用技术要点、节水与水资源利用技术要点、节能与能源利用技术要点、节地与施工用地保护技术要点六方面内容，每项内容又有若干项要求。

　　为了在建筑工程中实施绿色施工，达到节约资源、保护环境和施工人员健康的目的，国家制定了《建筑工程绿色施工规范》（GB/T 50905—2014），对绿色施工提出具体要求。

习　题

1. 什么是绿色施工？包括哪些内容？
2. 绿色施工基本原则有哪些？
3. 绿色施工基本要求有哪些？

4. 绿色施工环境保护技术要点有哪些？

5. 绿色施工节材与材料资源利用技术要点有哪些？

6. 绿色施工节水与水资源利用技术要点有哪些？

7. 绿色施工节能与能源利用技术要点有哪些？

8. 绿色施工节地与施工用地保护技术要点有哪些？

9. 土石方与地基工程绿色施工有何要求？

10. 基础及主体结构工程绿色施工有何要求？

11. 装饰装饰工程绿色施工有何要求？

12. 建筑保温工程绿色施工有何要求？

13. 绿色建筑施工管理评价标准控制项有何要求？

14. 绿色建筑施工管理评价标准评分项有何要求？

8

绿色建筑运营管理

内容提要

本单元以绿色建筑的运营管理为对象，主要讲述运营管理的基本概念、绿色建筑的运营管理、智能建筑、绿色建筑运营管理的评价标准等内容，并在实训环节提供绿色建筑运营管理专项技术实训项目，作为本教学单元的实践训练项目，以供学生训练和提高。

技能目标

• 通过对运营管理的概念的学习，巩固已学的相关运营管理的基本知识，了解运营管理的基本概念和建筑全生命期成本分析。

• 通过对绿色建筑运营管理的学习，要求学生掌握绿色建筑管理网络、绿色建筑资源管理和绿色建筑环境管理体系，掌握提高绿色建筑运营水平的对策。

• 通过对绿色智能建筑的学习，要求学生了解智能建筑的定义和发展目标、智能建筑的项目组成和系统集成以及我国智能建筑发展。

• 通过对绿色建筑运营管理的评价标准的学习，要求学生掌握绿色建筑运营管理的评价标准。

本单元是为了全面训练学生对绿色建筑运营管理的掌握能力，检查学生对绿色建筑运营管理内容知识的理解和运用程度而设置的。

项目导入

世上的人工设施和组织机构都需要通过精心的规划与执行，去谋求实现当初立意的目标——功能、经济收益、非经济的效果和收益。这就是"运营管理"。

运营管理在其生命期相伴而行，是一项长期的工作与活动，不仅需要持续的人力与资金的投入，还需要有周详的策划与有力的执行。

如果运营管理存在缺陷，那么人工设施和组织机构的建设目标是不可能实现的。

按绿色建筑的理念推进建设，采用绿色技术实施建设，取得绿色建筑的标识认证，已经成为中国建筑业的主流。

8.1 运营管理的概念

学习目标

了解运营管理的基本概念和建筑全生命期成本分析。

　　大到一个国家、一座城市、一个行业，小到一幢建筑、一个企业，乃至一个家庭，运营管理都是不可缺失的。人工设施和组织机构大多都是长期存在的，因此运营管理必然在其生命期中相伴而行。运营管理是一项长期的工作与活动，不仅需要持续的人力与资金的投入，还需要有周详的策划与有力的执行。如果运营管理存在缺陷，那么人工设施和组织机构的建设目标是不可能实现的。

　　绿色建筑运营管理是在传统物业服务的基础上进行提升，在给排水、燃气、电力、电信、保安、绿化、保洁、停车、消防与电梯等的管理以及日常维护工作中，坚持"以人为本"和可持续发展的理念，从建筑全寿命期出发，通过有效应用适宜的技术，实现节地、节能、节水、节材和保护环境的目标。

8.1.1　运营管理

　　运营管理（operations management）是确保能成功地向用户提供和传递产品与服务的科学。有效的运营管理必须准确把握人、流程、技术和资金等要素并将其整合在运营系统中创造价值。

　　任何人工设施和组织机构都有利益相关方，如服务对象（市民、顾客、游客、住户等）、从业人员、投资者和社会，而运营管理要提供高质量的产品和服务，要激发从业人员的积极性，要为获得适当的投资回报并保护环境去有效运营。这是管理人员向各利益相关方创造价值的唯一方式。

　　运营管理是一个投入、转换、产出的过程，也是一个价值增值的过程。运营必须考虑对运营活动进行计划、组织和控制。运营系统是上述变换过程得以实现的手段，运营管理要控制的目标是质量、成本、时间和适应性，这些目标的达成是人工设施和组织机构竞争力的根本。现代运营管理日益重视运营战略，广泛应用先进的运营方式（如网络营销、柔性运营等）和信息技术，注重环境问题（如绿色制造、低碳运营、生态物流等），坚持道德标准和社会责任。这些都是人工设施和组织机构在日常活动中应当遵循的基本规律。

　　绿色建筑的运营管理同样也是投入、转换、产出的过程，并实现价值增值。通过运营管理来控制建筑物的服务质量、运行成本和生态目标的实现。

8.1.2　人工设施运营管理的分析

　　现代工程实践证实，凡是人工系统都需要进行全生命期的成本分析，在项目启动前对其制造/建设成本、运行成本、维护成本及销毁处置成本进行估计，并在实施中保证各阶段所需的费用。这是一个科学的论证与运作过程，如果违背了，那么人工系统项目不是成为烂尾工程，就是投运后因没有足够的运行维护费用而使建设投资付之东流。在我们积极推进智慧城市建设的今天，更要做好其全生命期的成本分析，使得各项决策更为科学。

　　全生命期成本分析源自生命期评价 LCA（life cycle assessment），是资源和环境分析 REPA（registered environmental property assessor）的一个组成部分。LCA 是面向产品系统，对产品或服务进行"从摇篮到坟墓"的全过程的评价，是一种系统性的、定量化的评价方法。

　　（1）全生命期

　　人的生命总是有限的，人类创造的万事万物也有其生命期。一种产品从原材料开采开始，经过原料加工、产品制造、产品包装、运输和销售，然后由消费者使用、回收和维修、再利用、最终进行废弃处理和处置，整个过程称为产品的生命期，是一个"从摇篮到坟墓"的全过程。

　　绿色建筑自然也不例外，绿色建筑的各类绿色系统是由各类部品、设备、设施与智能化软件组成的，同样具有全生命期的特征，它们都要经历一个研制开发、调试、测试、运行、维护、升级、再调试、再测试、运行、维护、停机、数据保全、拆除和处置的全过程。

（2）全生命期评价

生命期评价可以表述为：对一种产品及其包装物、生产工艺、原材料能源或其他某种人类活动行为的全过程，包括原料的采集、加工、生产、包装、运输、消费和回收以及最终处理等，进行资源和环境影响的分析与评价。生命期评价的主导思想是在源头上预防和减少环境问题，而不是等问题出现后再去解决，是评估一个产品或是整体活动的生命过程的环境后果的一种方法。

生命期评价是面向产品系统，对产品或服务进行"从摇篮到坟墓"的全过程的评价。生命期评价充分重视环境影响，是一种系统性的、定量化的评价方法，同时也是开放的评价体系，对经济社会运行、持续发展战略、环境管理具有重要的作用。

经过多年的实践，生命期评价得到了完善与系统化，国际标准组织推出了 ISO 14040 标准《环境管理-生命期评价-原则与框架》5 个相关标准。

（3）全生命期的成本分析

全生命期的成本分析始于 20 世纪 90 年代初，把价值工程管理技术引入了产品/项目的成本分析，强调产品/项目的全生命期成本，是以面向全生命期成本（LCC，life cycle cost）的设计（DFC，design for cost）的形式提出的，在满足用户需求的前提下，尽一切可能降低成本。在分析产品全生命期中各阶段成本组成情况的基础上，进行评价，从中找出使产品成本过高的原设计部分，通过修改设计来降低成本。DFC 把全生命期成本作为设计的一个关键参数，是设计者分析、评价成本的支持工具。在制造业中一般设计成本占全生命期成本的 $10\%\sim15\%$，制造成本占 $30\%\sim35\%$，使用与维修成本占 $50\%\sim60\%$，其他成本所占比例一般小于 5%。

公共建筑物的生命期成本分配如表 8.1 所示，其中运行与管理费用约占生命期成本（LCC）的 85% 以上，而一次建设费用仅为 15%。维持设备的功能，确保设备的高效率、尽量减少设备的故障，是发挥设备投资效益的重要环节。而其中的信息化与自动化的系统则为现代物业设施管理提供了平台与基础。

表 8.1　公共建筑物生命期成本分析

费用组成	建设费	能耗费	修缮费	清洁费	设施更新费
所占百分比/%	15	27	15	20	23

全生命期成本 LCC 是指产品从策划开始，经过论证、研究、设计、生产、使用一直到最后报废的整个生命期内所耗费的研究设计与发展费用、生产费用、使用和保障费用及最后废弃费用的总和。

绿色建筑的各类绿色系统是由部品、设备、设施与智能化软件组成的，同样具有全生命期的特征。

绿色建筑要进行面向成本的设计 DFC，需要绿色设施和措施的生命期内的成本数据。

8.2　绿色建筑的运营管理

学习目标

掌握绿色建筑管理网络、绿色建筑资源管理和绿色建筑环境管理体系，掌握提高绿色建筑运营水平的对策。

运营管理是绿色建筑评价指标体系七类指标中的组成部分之一。运营管理部分的评价主要涉及物业管理、绿化管理、环境保护、垃圾管理、智能化系统管理、设备系统监测和运行记录、建筑调适等方面。

中国的绿色建筑经过近十年的工程实践，建设业内对此已积累了大量的经验教训，各类绿色技术的应用日益成熟，绿色建筑建设的增量成本也从早期的盲目投入逐步收敛到一个合理的范围。绿色建筑通常"运营成本可以降低 8%～9%，建筑的价值可以增加 7.5%，投资的回报增长可以达到 6.6%，居住率相应地提高 3.5%，租房率约提高 3.0%"。这些效益显然是令人鼓舞的。

8.2.1 绿色建筑管理制度

建立运营、管理的网络平台，加强对节能、节水的管理和环境质量的监视，提高物业管理水平和服务质量；建立必要的预警机制和突发事件的应急处理系统。

（1）物业管理部门需获得有关管理体系认证

确保物业管理机构具备良好的环境管理、质量管理及能源管理水平，物业管理部门需获得有关管理体系认证。

ISO 14001 环境管理体系认证是由国际标准化组织 ISO 发布的，内容涵盖环境管理、环境审核、环境标志、全寿命周期分析等。ISO 14001 环境管理体系认证是提高物业管理部门环境管理水平和降低环境风险的需要，可达到节约能源、降低资源消耗、减少环保支出、降低成本的目的。物业管理部门在按照 ISO 14001 体系执行企业环境质量管理时，应制定系统、完善的程序管理文件，包括环境方针文件、规划文件、实施与运行文件、检查与纠正措施文件、管理评审文件等，确保管理体系过程的有效策划、运行和控制。

ISO 9001 质量管理体系认证为物业管理部门的质量管理和质量保证提供标准，通过过程管理方法和文件化的方式进行系统管理，促进物业管理部门质量管理体系的改进和完善，提高管理水平和工作质量。物业管理部门在按照 ISO 9001 质量管理体系认证进行质量管理时，应编制相关工作程序文件，包括质量手册、程序文件、作业指导书，用以收集、传递咨询、控制作业流程或证明作业流程执行记录表单等。

《能源管理体系要求》（GB/T 23331—2012）用于指导组织建立能源管理体系和管理过程，提高能源利用效率和降低能源消耗，适用于所有类型和规模的组织。物业管理部门应依据法律法规要求和主要能源的使用信息，制定合理的能源方针，并根据《能源管理体系要求》的要求，在建筑能源管理过程中形成相关工作文件体系，包括能源管理方案、管理节能文件、技术节能文件、检查与纠正措施文件等，不断优化能源管理，提高用能效率。

（2）完善节能、节水、节材、绿化的操作规程、保养维护规程、应急预案等

操作规程和保养维护规程从运行和维护两个方面规范了设施设备技术层面的操作，应急预案可有效预防和降低设施设备突发情况所带来的影响。建立完善的运行维护操作规程、保养维护规程和应急预案可以降低设备设施的维护成本，提高设施运行水平，降低能源和资源消耗。

操作规程是为保证各项设施、设备能够安全、稳定、有效运行而制定的，相关人员在操作时必须遵循的程序和步骤。

保养维护规程是指由日常维护人员对设备、设施及其零部件进行检查、更换、修复磨损、润滑、清洗、局部调整恢复精度等而制定的，且相关人员必须遵循的管理办法。

应急预案是指面对突发事件，如重特大事故、环境公害、人为破坏时的应急管理、指挥、救援计划等。

无论是业主还是专门的物业管理单位负责建筑的运行维护，均需建立一套完善的管理办

法和规章制度，根据设备设施的实际运行状况，定期（如月度、季度、半年度及年度）进行预防性维护和保养。为了及时、有序、高效地应对和处理突发事故，保证建筑正常运行，应根据设施应急预案定期组织进行演练，并做好相关记录。

（3）实施能源资源管理激励机制

物业管理机构通过制定能源资源管理激励机制，提高能源资源利用率，降低建筑运营成本，促进节能减排措施的贯彻，降低建筑运营成本。

管理是保证建筑运行中降低能耗和节约资源的重要手段之一。对于物业管理部门，在保证建筑使用性能要求、投诉率低于规定值的前提下，将管理业绩考核与建筑能源、水资源消耗情况和各类耗材等的使用情况挂钩，可提高运营管理工作者的绿色运营意识，激发其绿色管理的积极性，提升物业管理部门的管理服务水平和效益，有效促进运行节能。对于建筑使用者，鼓励其在建筑使用过程中节约资源能源。对于具备条件的建筑，鼓励实行按能源计量收费，将业主和用户的自身利益与节能降耗紧密联系起来。

（4）建立绿色教育宣传机制，编制绿色设施使用手册，形成良好的绿色氛围

为确保用户和物业管理人员具有良好的绿色运营意识。在建筑物的长期的运行过程中，绿色建筑技术的实现和实施效果在很大程度上取决于用户和物业管理人员的主观认识与行为模式。因此需要坚持绿色理念与绿色生活方式的教育宣传制度，编制绿色设施使用手册，通过各种培训与宣传活动，同时加强跟踪调查与检查，提高人们节约能源资源的行为意识，形成良好的绿色风气与行为。

绿色教育宣传可以促进普及绿色建筑知识，让更多的人了解绿色建筑运营理念和有关要求，尤其是通过媒体报道和公开有关数据，更能营造出关注绿色理念、践行绿色行为的良好氛围。绿色建筑使用手册是指向建筑使用者及物业管理人员提供的各类设备设施的作用及使用说明，倡导建筑使用者规范用能行为。

8.2.2 绿色建筑技术管理

（1）进行建筑设备系统调适，实现系统高效运行

通过建筑调适，达到系统高效运行。传统的工程建设体制是由设计院设计、建设单位订货、施工安装等多方构成的，在空调设备、电气、控制专业结合的分界面上经常出现脱节、管理混乱、联合调试相互扯皮及调试困难的现象。建筑各子系统日益复杂，且子系统之间关联性越来越强，传统的调试已不能满足建筑动态负荷变化和实际使用功能的要求。综合效能调适是通过对建筑系统的调试验证、性能测试验证、综合效果验收和季节性工况验证，确保系统实现不同负荷工况运行和用户实际使用功能的要求。由建设单位组织，调适顾问单位为主，施工单位负责实施，监理单位监督，建设单位与设计单位、主要设备供应商及后期运行维护单位共同组成调适团队参与和配合。较传统调试而言，综合效能调适增加了人员入住后阶段的调适工作，充分体现了系统性能与建筑物使用相适应的特点，满足了不同负荷和用户实际使用功能的要求。

建筑在使用过程中的使用性质、情况、功能等可能发生改变，而且建筑系统本身也是一个不断寻优的过程。因此，建筑绿色运行是一个不断调适与再调适的过程，为了使系统能够实现设计意图和高效运行，必须进行建筑综合效能调适，并在后期运行中根据需要制定相关的再调适计划。

（2）制订检查和清洗计划，对集中空调通风系统进行定期检查和清洗

确保集中空调通风系统通过定期清洗后符合卫生管理要求和高效运行。集中空调系统运行一段时间后，会产生积尘、污物、菌斑等，增加系统运行能耗、缩短系统使用寿命，还会对室内空气产生二次污染，增加疾病产生和传播的可能性。尤其是存在灰尘和污渍的盘管和

过滤网，将严重降低加热/制冷效率。因此，物业管理部门应定期对集中空调系统的过滤器、表冷器、加热器、加湿器、冷凝水盘等进行全面检查，当达到清洗结果时，应严格按照《空调通风系统清洗规范》（GB 19210）的规定进行清洗和效果评估；如果检查结果未达到必须清洗的程度，可暂时不进行清洗，从而保证空调送风品质符合《室内空气中细菌总数卫生标准》（GB/T 17093）的要求。

（3）非传统水源及空调冷却水的水质检测和用水量记录完整、准确

非传统水源的合理有效利用是缓解我国水资源匮乏现状的最直接、最有效的措施。在建筑物中，非传统水源可应用于多种场所和用途，其水质要求也各不相同。因此，在应用过程中应定期对水质进行检测，并保存完整的检测记录和用水量记录。

（4）智能化系统的运行效果满足建筑运行与管理的需要

智能化系统工程的设计要素应按智能化系统工程的设计等级、架构规划及系统配置等工程架构确定。设计要素宜包括信息化应用系统、智能化集成系统、信息设施系统、建筑设备管理系统、公共安全系统、机房工程等。智能化系统工程架构的设计应包括设计等级、架构规划、系统配置等。智能化技术的应用是提升建筑性能，优化系统和设备运行工况，有助于物业管理部门提高管理水平和效率，使绿色建筑技术得到更好应用的重要手段。系统传感器和执行器的灵敏度和精密度是绿色建筑智能化管理系统正常运行的基础，如因长时间未检测，传感器与执行器出现部分故障，精密度达不到工作状态要求，一定程度上将会影响绿色建筑的运营和管理。因此，绿色建筑运营过程中，应定期对设备性能参数进行检测或校验，确保建筑智能化系统正常工作。

（5）建筑设备系统运行过程中，应用无成本低成本的节能管理措施

鼓励项目采用无成本低成本的运营管理措施，迅速降低建筑物能耗和运营成本。无成本低成本技术指在对建筑全面调查和测试诊断的基础上，充分挖掘和利用现有资源，实施采用成熟可靠的控制优化运行策略、完善运行管理、节能效果明显、无需再投资/投资回收期较短的节能运行措施。无成本低成本的节能管理措施在建筑运行过程中的实用性较好，能够真正实现"少付出，大回报"，是建筑绿色运行中的非常重要的技术手段，应大力推广无成本低成本的节能管理措施的应用。

无成本、低成本的建筑运行维护技术措施如下：

① 冷水机组出水温度根据室外气象参数和除湿负荷的变化进行设定；
② 冷却塔出水温度根据室外空气湿球温度进行设定；
③ 舒适性空调区域保持微正压运行；
④ 杜绝过度照明，公共区域的照明分时分区控制；
⑤ 优化车库排风系统运行；
⑥ 充分利用室外空气的自然冷量；
⑦ 空调系统实行分时分区控制；
⑧ 电梯采用群控方式运行；
⑨ 根据 CO_2 浓度调节新风；
⑩ 设置房间温控器可调范围；
⑪ 变风量系统重设静压点；
⑫ 定期检查风管、水管，避免保温破损和泄漏；
⑬ 至少每月一次清洗空调机组的过滤网；
⑭ 外门设置门斗等避风设施或采取其他减少冷风渗透的措施；
⑮ 电开水器加强外保温，避免散热损失，加装时钟控制器等措施降低运行电耗；
⑯ 其他无成本、低成本的技术措施。

（6）应用信息化手段进行物业管理

信息化管理是实现绿色建筑物业管理定量化、精细化的重要手段，系统化的数据记录与存储有利于定期进行统计分析和设施工况优化，对提高物业管理水平和效率具有重要作用。物业管理信息系统根据物业管理业务通常分为基础数据、收费管理、工程设备、人事管理、保安管理、办公室、投诉管理、文档管理、统计查询等十大模块。但是目前大部分物业管理部门建立的物业管理信息化系统存在诸多问题，如缺乏与业主、使用者的有效沟通，导致信息系统开发功能与实际需求不能很好地匹配；信息系统管理人员的信息技术能力不高、信息化服务意识薄弱，无法充分发挥物业信息系统的功能等。建筑物及其设备系统的运行数据和室内外环境的监测数据直接反映了建筑运行效果，因此通过建立物业管理信息系统，完善建筑工程、设施、设备、部品等档案及记录，对实施绿色物业管理至关重要。

（7）采用能源管理系统，监测建筑能耗，进行数据分析和管理

能源管理系统是物业管理部门以合理计划和利用能源、降低能源资源消耗、提高经济效益、降低 CO_2 排放量为目的建立的信息化管控系统。能源管理系统采用分层分布式系统体系结构，通过能源监控，对建筑的电、水、冷热量、燃气等分类能耗数据和消费数据进行采集、统计、处理、分析，对重点能耗设备设施进行优化运行或更新、改进设备设施，实现建筑绿色运营和节能减排。

我国很多绿色建筑都具有能源监测系统，但缺乏对能源管理监测系统的实际数据进行专业分析和挖掘的能力，导致能源管理监测系统没有发挥真正的管理功能。因此，《绿色建筑评价标准》专门针对能源管理系统增加了数据挖掘和分析功能的要求，以期提高我国绿色建筑运行管理分析水平和能力。

8.2.3 环境管理

（1）采用无公害病虫害防治技术

农药、化肥等化学药剂的使用，一定程度上会对土壤、大气和地下水资源造成损害。因此，对于病虫害，应坚持以物理防治、生物防治为主，化学防治为辅，并加强预测预报，严格控制病虫害的传播和蔓延。无公害病虫害防治是降低城市及社区环境污染、维护城市及社区生态平衡的一项重要举措。

（2）提高树木一次成活率

物业管理部门应采取有效措施保证栽种和移植树木有较高的成活率，并对绿化区做好日常养护工作，发现危树、枯死树木应及时处理。

（3）垃圾站（间）不污染环境，不散发臭味

垃圾站（间）的环境卫生直接影响到人们的生活、工作环境质量，应重视垃圾收集站点与垃圾间的景观美化及环境卫生问题。本条所指的垃圾站（间），还应包括生物降解垃圾处理房等类似功能间。

（4）实行垃圾分类收集和处理

垃圾分类收集就是在源头将垃圾分类投放，并通过分类清运和回收使之分类处理或重新变成资源，减少垃圾的处理量，降低运输和处理过程中的成本。

可回收垃圾是指可直接进入废旧物资回收利用系统的废弃物，主要包括纸类、塑料、金属、织物、玻璃等。

可生物降解垃圾是指在微生物的代谢作用下，将其中的有机物破坏或产生矿化作用，使其稳定化和无害化的垃圾，如厨余垃圾。

有害垃圾是指包含对人体健康或自然环境造成直接或潜在危险的物质的垃圾，应单独收集处理，如废旧小电子产品、废油漆、废灯管、非日用化学用品等。根据《环境卫生设施设

置标准》(CJJ 27) 规定，有害垃圾必须单独收集、单独运输、单独处理。

对危险物处置中，根据《国家危险废物名录》中危险物类别由相应具备《危险物经营许可证》许可范围内的单位进行处置，并签订合同，作为考核或鼓励依据。

表 8.2 列出了与《绿色建筑评价标准》(GB/T 50378) 相关的绿色建筑运营管理内容，描述了运行措施、运行成本和收益。

表 8.2 与绿色建筑评价标准相关的绿色建筑运营管理内容

序号	标准涉及的内容	运行措施	运行成本	收益
1	合理设置停车场所	设置停车库/场管理系统	管理人员费、停车库/场管理系统维护费	方便用户，获取停车费
2	合理选择绿化方式，合理配置绿化植物	绿化园地日常养护	绿化园地养护费用	提供优美环境
3	集中采暖或集中空调的居住建筑，分室(户)温度调节、控制及分户热计量(分户热分摊)	设置分室(户)温度调节、控制装置及分户热计量装置或设施	控制系统维护费	方便用户，节省能耗，降低用能成本
4	冷热源、输配系统和照明等能耗进行独立分项计量	设置能耗分项计量系统	计量仪表/传感器和能耗分项计量系统维护费	为设备诊断和系统性节能提供数据
5	照明系统分区、定时、照度调节等节能控制	设置照明控制装置	检测器和照明控制系统维护费	方便用户，节省能耗，降低用能成本
6	排风能量回收系统设计合理并运行可靠	排风口设置能量回收装置	轮转式能量回收器维护费	节省能耗，降低用能成本
7	合理采用蓄冷蓄热系统	设置蓄冷蓄热设备	蓄冷蓄热设备维护费	降低用能成本
8	合理采用分布式热电冷联供技术	设置热电冷联供设备及其输配管线	管理人员费、燃料费、设备及管线维护费	提高能效，降低用能成本
9	合理利用可再生能源	设置太阳能光伏发电、太阳能热水、风力发电、地源/水源热泵设备及其输配管线	设备及管线维护费	节省能耗，降低用能成本
10	绿化灌溉采用高效节水灌溉方式	设置喷灌/微灌设备、管道及控制设备	设备及管道维护费	节省水耗，降低用水成本
11	循环冷却水系统设置水处理措施和(或)加药措施	设置水循环和水处理设备	设备维护费及运行药剂费	节省水耗，降低用水成本
12	利用水生动、植物进行水体净化	种植和投放水生动、植物	水生动、植物的养护费用	环境保护
13	采取可调节遮阳措施	设置可调节遮阳装置及控制设备	遮阳调节装置和控制系统维护费	节省能耗，降低用能成本
14	设置室内空气质量监控系统	设置室内空气质量检测器及监控设备	室内空气质量检测器和系统维护费	改善室内空气品质
15	地下空间设置与排风设备联动的一氧化碳浓度监测装置	设置一氧化碳检测器及控制设备	一氧化碳检测器和系统维护费	改善地下空间的环境
16	节能、节水设施工作正常	设置节能、节水设施设备	控制系统维护费	方便用户，节省能耗，降低用能成本
17	设备自动监控系统工作正常	设置设备自动监控系统	设备自动监控系统的检测器、执行器和系统维护费	节省能耗，降低用能成本，提高服务质量和管理效率

序号	标准涉及的内容	运行措施	运行成本	收益
18	无不达标废气、污水排放	设置废气、污水处理设施	废气、污水处理设施的检测器、执行器和系统维护费,废气和污水的检测费	环境保护
19	智能化系统的运行效果	设置信息通信、设备监控和安全防范等智能化系统	智能化系统维护费	改善生活质量,节省能耗,提高服务质量和管理效率
20	空调通风系统清洗	日常清洗过滤网等,定期清洗风管	日常清洗人工费用,风管清洗专项费用	提高室内空气品质
21	信息化手段进行物业管理	设置物业管理信息系统	物业管理信息系统维护费	节省能耗,提高服务质量和管理效率
22	无公害病虫害防治	选用无公害农药及生物除虫方法	无公害农药及生物除虫费用	环境保护
23	植物生长状态良好	绿化园地日常养护	绿化园地养护费用	提供优美环境
24	有害垃圾单独收集	设置有害垃圾单独收集装置与工作流程	有害垃圾单独收集工作费用	环境保护
25	可生物降解垃圾的收集与垃圾处理	设置可生物降解垃圾的收集装置和可生物降解垃圾的处理设施	可生物降解垃圾的收集人员费用和可生物降解垃圾处理设施的运行维护费	环境保护和减少垃圾清运量
26	非传统水源的水质记录	设置非传统水源的水表	非传统水源的水质检测费	保证非传统水源的用水安全

这些运行措施是众所周知的,但是它们的运行成本与收益,往往因项目的技术与设施特点、管理的具体情况,而有着各种说法和数据。运行成本尚缺少数据的积累,收益则难以按每一项措施进行微观分列或宏观效果评价。

8.2.4 七类运行成本

建筑物运营成本是在运营维护期间产生的各类费用,可以归纳为以下七大类:

① 设施维护费。信息与控制系统一般为造价的 2%～4%,机械电气设备一般为造价的 2%～3%。

② 设施更新费。信息与控制系统的更新周期一般为 6～8 年,机械电气设备的更新周期一般为 8～10 年。

③ 设施运行消耗。主要为设施本身的能耗和材耗,如水处理设施运行所需投放的药剂等。

④ 养护费。绿化养护(人工、肥料、农药等)费用。

⑤ 清洁费。中央空调投运后。其风管需 2 年清洗一次。清洗费用为风管展开面积×(20～30)元/m²。

⑥ 垃圾分类收集与处理费。

⑦ 检测费。运行中所排放污水和废气的检测,非传统水源水质的检测等。

8.2.5 提高绿色建筑运营水平的对策

国内绿色建筑运营水平不高的原因源于长期以来的"重建轻管",这里有体制问题,也有操作机制问题。

我们追求建成了多少绿色建筑,这是建设者(项目投资方、设计方和施工方)的业绩。但是要核查绿色建筑的运行效果是否达到了设计目标,尤其是绿色措施出现问题时,建设者和管理者往往互相推诿责任，因为建设者不承担运营的责任，而管理者则是被动地去运行管理绿色建筑，并不将此作为自己的成就。

从经济核算的角度考虑，绿色措施的运行成本高于传统建筑，在低物业收益的状态下，不少物业管理机构其实把绿色建筑视为一种负担，常因某些理由不时地停用一些绿色设施。

为提高我国绿色建筑运营水平，有如下对策：

（1）明确绿色建筑管理者的责任与地位

物业管理机构接手绿色设计标识的建筑，应承担绿色设施运行正常并达到设计目标的责任，获得绿色运营标识，物业管理机构应得到 80% 的荣誉和不低于 50% 的奖励。建议建设部节能与科技司和房地产监管司合作，适时颁发"绿色建筑物业管理企业"证书，以鼓励重视绿色建筑工作的物业管理企业。

（2）认定绿色建筑运行的增量成本

绿色建筑建设有增量成本，运行相应地也有增量成本。而绿色建筑在节能和节水方面的经济收益是有限的，更多的应是环境和生态的广义收益。

建议凡是通过绿色运营标识认证的建筑物，可按星级适当增加物业管理收费，以弥补其运行的增量成本，在机制上使绿色建筑的物业管理企业得到合理的工作回报。

（3）建设者须以面向成本的设计 DFC 实行绿色建筑的建设

绿色建筑不能不计成本地构建亮点工程，而应在满足用户需求和绿色目标的前提下，尽可能降低成本。建设者须以面向成本的设计方法来分析绿色建筑的建造过程、运行维护、报废处置等全生命期中各阶段成本组成情况，通过评价找出使建筑物运行成本过高的部分，优化设计降低全生命期成本。

建设者（项目投资方、设计方）在完成绿色设施本身设计的同时，还须提供该设施的建设成本和运行成本分析资料，以说明该设计的合理性及可持续性。通过深入的设计和评价，可以促使建设者减少盲目行为，提高设计水平。

（4）用好智能控制和信息管理系统，以真实的数据不断完善绿色建筑的运营

运营时的能耗、水耗、材耗、使用人的舒适度等，是反映绿色目标达成的重要数据。通过这些数据，可以全面掌握绿色设施的实时运行状态，及时发现问题、调整设备参数；根据数据积累的统计值，比对找出设施的故障和资源消耗的异常，改进设施的运行，提升建筑物的能效。这些功能都需要通过智能控制和信息管理系统来实现。

绿色建筑的智能控制和信息管理系统广泛采集环境、生态、建筑物、设备、社会、经营等信息，有效监控绿色能源、蓄冷蓄热设备、照明与室内环境设备、变频泵类设备、水处理设备等。在智能控制和信息管理系统的平台上，依据真实准确的数据来实现绿色目标的综合管理与决策。

经过几年的积累后，运营数据、成本和收益将能正确反映绿色建筑的实际效益。

绿色建筑只有通过有效的运营管理，才能达到预期的目标。应用生命期评价和成本分析的科学方法，理清绿色建筑运营管理的工作内容，准确掌握建设、运行维护费用所构成的生命期成本，合理选用绿色技术，逐步完善绿色建筑运营的体制与机制，才能使我国的绿色建筑走上持续发展的道路。

8.3 智能建筑简介

学习目标

了解智能建筑的定义和发展目标、智能建筑的项目组成和系统集成以及我国智能建筑的

发展。

8.3.1 智能建筑的定义

智能建筑指通过将建筑物的结构、系统、服务和管理根据用户的需求进行最优化组合，从而为用户提供一个高效、舒适、便利的人性化建筑环境。智能建筑是集现代科学技术之大成的产物。其技术基础主要由现代建筑技术、现代电脑技术、现代通信技术和现代控制技术所组成。

世界上第一座智能建筑于1984由美国联合技术公司在美国哈特福德市建成，从而第一次出现了智能建筑（intelligent building）的名称。

欧洲智能建筑集团定义——使其用户发挥最高效率，同时又以最低的保养成本最有效地管理其本身资源的建筑。

美国智能建筑学会定义——通过对建筑物的四个要素，即结构、系统、服务、管理及其相互关系的最优考虑，为用户提供一个高效率和有经济效益的环境。

二维码27　智能建筑设计标准

国际智能建筑物研究机构定义——通过对建筑物的结构、系统、服务和管理方面的功能以及其内在的联系，以最优化的设计，提供一个投资合理又拥有高效率的优雅舒适、便利快捷、高度安全的环境空间。智能建筑能够使其主人、财产的管理者和拥有者等意识到，他们在诸如费用开支、生活舒适、商务活动和人身安全等方面将得到最大利益的回报。

我国智能建筑设计标准定义——智能建筑（IB）是以建筑为平台，兼备建筑设备、办公自动化及通信网络系统，集结构、系统、服务、管理及它们之间的最优化组合，向人们提供一个安全、高效、舒适、便利的建筑环境。

8.3.2 智能建筑的发展目标

影响智能建筑今后发展的因素较多，但值得特别关注的是，在接下来的发展之路上，智能建筑必须融入智慧城市建设，这也可认为是智能建筑的"梦"。

随着新一代信息技术急剧发展的推动和国家新四化的演变，特别是在新型城镇化目标的指导下，为了破解城镇化带来的各种"城市病"，智慧城市建设时不我待。而智能建筑作为智慧城市的重要组成元素，随着国家智慧城市建设广度和深度展开，智能建筑必须融入智慧城市建设，这是智能建筑今后发展的大方向。

与此同时，智能建筑融入智慧城市应从智能建筑体系架构确定、设计理念更新、标准与规范完善、B/S访问模式确立、集成融合平台建设、云计算服务平台建设以及嵌入式控制器系统架构等方面来考虑。

智能建筑的发展目标主要体现在提供安全、舒适、快捷的优质服务；建立先进的管理机制；节省能耗与降低人工成本三个方面。

8.3.3 智能建筑的项目组成

建筑智能化工程又称弱电系统工程，主要指通信自动化（CA）、楼宇自动化（BA）、办公自动化（OA）、消防自动化（FA）和保安自动化（SA），简称5A。其中包括的系统有：计算机管理系统工程，楼宇设备自控系统工程，通信系统工程，保安监控及防盗报警系统工程，卫星及共用电视系统工程，车库管理系统工程，综合布线系统工程，计算机网络系统工程，广播系统工程，会议系统工程，视频点播系统工程，智能化小区物业管理系统工程，可视会议系统工程，大屏幕显示系统工程，智能灯光、音响控制系统工程，火灾报警系统工程，计算机机房工程，一卡通系统工程。

建筑智能化是多学科、多种新技术与传统建筑的结合，也是综合经济实力的象征。

8.3.4 智能建筑的系统集成

对弱电子系统进行统一的监测、控制和管理——集成系统将分散的、相互独立的弱电子系统，用相同的网络环境、相同的软件界面进行集中监视。

实现跨子系统的联动，提高大厦的控制流程自动化——弱电系统实现集成以后，原本各自独立的子系统在集成平台的角度来看，就如同一个系统一样，无论信息点和受控点是否在一个子系统内都可以建立联动关系。

提供开放的数据结构，共享信息资源——随着计算机和网络技术的高度发展，信息环境的建立及形成已不是一件困难的事。

提高工作效率，降低运行成本——集成系统的建立充分发挥了各弱电子系统的功能。

智能化集成系统（IIS，intelligented integration system）：将不同功能的建筑智能化系统，通过统一的信息平台实现集成，以形成具有信息汇集、资源共享及优化管理等综合功能的系统。

信息设施系统（ITSI，information technology system infrastructure）：为确保建筑物与外部信息通信网的互联及信息畅通，对语音、数据、图像和多媒体等各类信息予以接收、交换、传输、存储、检索和显示等进行综合处理的多种类信息设备系统加以组合，提供实现建筑物业务及管理等应用功能的信息通信基础设施。

信息化应用系统（ITAS，information technology application system）：以建筑物信息设施系统和建筑设备管理系统等为基础，为满足建筑物各类业务和管理功能的多种类信息设备与应用软件而组合的系统。

建筑设备管理系统（BMS，building management system）：对建筑设备监控系统和公共安全系统等实施综合管理的系统。

公共安全系统（PSS，public security system）：为维护公共安全，综合运用现代科学技术，以应对危害社会安全的各类突发事件而构建的技术防范系统或保障体系。

机房工程（EEEP，engineering of electronic equipment plant）：为提供智能化系统的设备和装置等安装条件，以确保各系统安全、稳定和可靠地运行与维护的建筑环境而实施的综合工程。

8.3.5 智能建筑的发展趋势

智能建筑节能是世界性的大潮流和大趋势，同时也是中国改革和发展的迫切需求，这是不以人的主观意志为转移的客观必然性，是 21 世纪中国建筑事业发展的一个重点和热点。节能和环保是实现可持续发展的关键。可持续建筑应遵循节约化、生态化、人性化、无害化、集约化等基本原则，这些原则服务于可持续发展的最终目标。

从可持续发展理论出发，建筑节能的关键又在于提高能量效率，因此无论制定建筑节能标准还是从事具体工程项目的设计，都应把提高能量效率作为建筑节能的着眼点。智能建筑也不例外，业主建设智能化大楼的直接动因就是在高度现代化、高度舒适的同时能实现能源消耗大幅度降低，以达到节省大楼营运成本的目的。依据我国可持续建筑原则和现阶段国情特点，能耗低且运行费用最低的可持续建筑设计包含了以下技术措施：

① 节能；

② 减少有限资源的利用，开发、利用可再生资源；

③ 室内环境的人道主义；

④ 场地影响最小化；

⑤ 艺术与空间的新主张；

⑥ 智能化。

20 世纪 70 年代爆发能源危机以来，发达国家单位面积的建筑能耗已有大幅度的降低。与我国北京地区采暖度日数相近的一些发达国家，新建建筑每年采暖能耗已从能源危机时的 $300kW \cdot h/m^2$ 降低至现在的 $150kW \cdot h/m^2$ 左右。在其后不会很长的时间内，建筑能耗还将进一步降低至 $30 \sim 50kW \cdot h/m^2$。

创造健康、舒适、方便的生活环境是人类的共同愿望，也是建筑节能的基础和目标，为此，21 世纪的智能型节能建筑的特点应该是：

① 冬暖夏凉。

② 通风良好。

③ 光照充足。尽量采用自然光，天然采光与人工照明相结合。

④ 智能控制。采暖、通风、空调、照明、家电等均可由计算机自动控制，既可按预定程序集中管理，又可局部手工控制，既满足不同场合下人们不同的需要，又可少用资源。

8.3.6 我国智能建筑发展

在我国，由于智能建筑的理念契合了可持续发展的生态和谐发展理念，因此我国智能建筑主要更多凸显出的是智能建筑的节能环保性、实用性、先进性及可持续升级发展等特点。和其他国家相比，我国更加注重智能建筑的节能减排，更加追求的是智能建筑的高效和低碳。这一切对于节能减排降低能源消耗等都具有非常积极的促进作用。

随着我国社会生产力水平的不断进步，随着我国计算机网络技术、现代控制技术、智能卡技术、可视化技术、无线局域网技术、数据卫星通信技术等高科技技术水平的不断提升，智能建筑将会在未来我国的城市建设中发挥更加重要的作用，将会作为现代建筑甚至未来建筑的一个有机组成部分，不断吸收并采用新的可靠性技术，不断实现设计和技术上的突破，为传统的建筑概念赋予新的内容，稳定且持续不断地改进发展。

8.4 运营管理评价标准

学习目标

掌握绿色建筑运营管理评价标准。

8.4.1 控制项

① 应制定并实施节能、节水、节材、绿化管理制度。

② 应制定垃圾管理制度，合理规划垃圾物流，对生活废弃物进行分类收集，垃圾容器设置规范。

③ 运行过程中产生的废气、污水等污染物应达标排放。

④ 节能、节水设施应工作正常，且符合设计要求。

⑤ 供暖、通风、空调、照明等设备的自动监控系统应工作正常，且运行记录完整。

8.4.2 评分项

（1）管理制度

二维码28 碳排
放计算

① 物业管理部门获得有关管理体系认证，评价总分值为 10 分，按下列规则分别评分并累计：

　　a. 具有 ISO 14001 环境管理体系认证，得 4 分；

　　b. 具有 ISO 9001 质量管理体系认证，得 4 分；

　　c. 具有现行国家标准《能源管理体系要求》（GB/T 23331）的能源管理体系认证，得 2 分。

② 节能、节水、节材、绿化的操作规程、应急预案等完善，且有效实施，评价总分值为 8 分，按下列规则分别评分并累计：

　　a. 相关设施的操作规程在现场明示，操作人员严格遵守规定，得 6 分；

　　b. 节能、节水设施运行具有完善的应急预案，得 2 分。

③ 实施能源资源管理激励机制，管理业绩与节约能源资源、提高经济效益挂钩，评价总分值为 6 分，按下列规则分别评分并累计：

　　a. 物业管理机构的工作考核体系中包含能源资源管理激励机制，得 3 分；

　　b. 与租用者的合同中包含节能条款，得 1 分；

　　c. 采用合同能源管理模式，得 2 分。

④ 建立绿色教育宣传机制，编制绿色设施使用手册，形成良好的绿色氛围，评价总分值为 6 分，按下列规则分别评分并累计：

　　a. 有绿色教育宣传工作记录，得 2 分；

　　b. 向使用者提供绿色设施使用手册，得 2 分；

　　c. 相关绿色行为与成效获得公共媒体报道，得 2 分。

（2）技术管理

① 定期检查、调试公共设施设备，并根据运行检测数据进行设备系统的运行优化，评价总分值为 10 分，按下列规则分别评分并累计：

　　a. 具有设施设备的检查、调试、运行、标定记录，且记录完整，得 7 分；

　　b. 制订并实施设备能效改进等方案，得 3 分。

② 对空调通风系统进行定期检查和清洗，评价总分值为 6 分，按下列规则分别评分并累计：

　　a. 制订空调通风设备和风管的检查和清洗计划，得 2 分；

　　b. 实施第 1 款中的检查和清洗计划，且记录保存完整，得 4 分。

③ 非传统水源的水质和用水量记录完整、准确，评价总分值为 4 分，按下列规则分别评分并累计：

　　a. 定期进行水质检测，记录完整、准确，得 2 分；

　　b. 用水量记录完整、准确，得 2 分。

④ 智能化系统的运行效果满足建筑运行与管理的需要，评价总分值为 12 分，按下列规则分别评分并累计：

　　a. 居住建筑的智能化系统满足现行行业标准《居住区智能化系统配置与技术要求》（CJ/T 174）的基本配置要求，公共建筑的智能化系统满足现行国家标准《智能建筑设计标准》（GB 50314）的基础配置要求，得 6 分；

　　b. 智能化系统工作正常，符合设计要求，得 6 分。

　　⑤ 应用信息化手段进行物业管理，建筑工程、设施、设备、部品、能耗等档案及记录齐全，评价总分值为 10 分，并按下列规则分别评分并累计：

　　a. 设置物业信息管理系统，得 5 分；

　　b. 物业管理信息系统功能完备，得 2 分；

　　c. 记录数据完整，得 3 分。

　　（3）环境管理

　　① 采用无公害病虫害防治技术，规范杀虫剂、除草剂、化肥、农药等化学药品的使用，有效避免对土壤和地下水环境的损害，评价总分值为 6 分，按下列规则分别评分并累计：

　　a. 建立和实施化学药品管理责任制，得 2 分；

　　b. 病虫害防治用品使用记录完整，得 2 分；

　　c. 采用生物制剂、仿生制剂等无公害防治技术，得 2 分。

　　② 栽种和移植的树木一次成活率大于 90%，植物生长状态良好，评价总分值为 6 分，按下列规则分别评分并累计：

　　a. 工作记录完整，得 4 分；

　　b. 现场观感良好，得 2 分。

　　③ 垃圾收集站（点）及垃圾间不污染环境，不散发臭味，评价总分值为 6 分，按下列规则分别评分并累计：

　　a. 垃圾站（间）定期冲洗，得 2 分；

　　b. 垃圾及时清运、处置，得 2 分；

　　c. 周边无臭味，用户反映良好，得 2 分。

　　④ 实行垃圾分类收集和处理，评价总分值为 10 分，按下列规则分别评分并累计：

　　a. 垃圾分类收集率达到 90%，得 4 分；

　　b. 可回收垃圾的回收比例达到 90%，得 2 分；

　　c. 对可生物降解垃圾进行单独收集和合理处置，得 2 分；

　　d. 对有害垃圾进行单独收集和合理处置，得 2 分。

项目实训

　　（1）实训内容

　　进行绿色建筑的运营管理的项目实训（指导教师选择一个真实的工程项目或学校实训场地，带学生实训操作），熟悉绿色建筑的运营管理的基本知识，从建筑管理网络、绿色建筑资源管理和绿色建筑环境管理体系等方面进行全过程模拟训练，熟悉绿色建筑的运营管理技术要点和国家相应的规范要求。

　　（2）实训目的

　　通过课堂学习结合课下实训使学生熟练掌握绿色建筑的运营管理和国家相应的规范要求，提高学生进行绿色建筑的运营管理应用的综合能力。

　　（3）实训要点

　　① 培养学生通过对绿色建筑的运营管理的运行与实训，加深对绿色建筑的运营管理国家标准的理解，掌握绿色建筑的运营管理要点，进一步加强对专业知识的理解。

　　② 分组制订计划与实施。培养学生团队协作的能力，获取绿色建筑的运营管理技术和经验。

　　（4）实训过程

① 实训准备要求

a. 做好实训前相关资料查阅，熟悉绿色建筑的运营管理有关的规范要求。

b. 准备实训所需的工具与材料。

② 实训要点

a. 实训前做好交底。

b. 制订实训计划。

c. 分小组进行，小组内部分工合作。

③ 实训操作步骤

a. 按照绿色建筑的运营管理要求，选择绿色建筑的运营管理方案。

b. 模拟进行绿色建筑的运营管理。

c. 进行绿色建筑的运营管理成果分析。

d. 做好实训记录和相关技术资料整理。

e. 进行小组互评和最终评定。

④ 教师指导点评和疑难解答。

⑤ 实地观摩。

⑥ 进行总结。

（5）实训项目基本步骤表

步　骤	教师行为	学生行为
1	交代工作任务背景，引出实训项目	①分好小组 ②准备实训工具、材料和场地
2	布置绿色建筑的运营管理实训应做的准备工作	
3	使学生明确绿色建筑的运营管理实训的步骤	
4	学生分组进行实训操作，教师巡回指导	完成绿色建筑的运营管理实训全过程
5	结束指导点评实训成果	自我评价或小组评价
6	实训总结	小组总结并进行经验分享

（6）实训小结

项目：　　　　　　　　　　　　　　　　指导老师：

项目技能	技能达标分项	备　注
绿地建筑 运营管理	①方案完善　　　　　得 0.5 分 ②准备工作完善　　　得 0.5 分 ③设计过程准确　　　得 1.5 分 ④管理措施合格　　　得 1.5 分 ⑤分工合作合理　　　得 1 分	根据职业岗位所需、技能需求，学生可以补充完善达标项
自我评价	对照达标分项　　　得 3 分为达标 对照达标分项　　　得 4 分为良好 对照达标分项　　　得 5 分为优秀	客观评价
评议	各小组间相互评价 取长补短，共同进步	提供优秀作品观摩学习

自我评价＿＿＿＿＿＿＿＿　　　　　　个人签名＿＿＿＿＿＿＿＿

小组评价　达标率＿＿＿＿＿＿　　　　组长签名＿＿＿＿＿＿＿

　　　　　良好率＿＿＿＿＿＿

　　　　　优秀率＿＿＿＿＿＿

　　　　　　　　　　　　　　　年　　　月　　　日

（📖）小　结

　　运营管理（operations management）是确保能成功地向用户提供和传递产品与服务的科学。有效的运营管理必须准确把握人、流程、技术和资金等要素并将其整合在运营系统中创造价值。运营管理是一个投入、转换、产出的过程，也是一个价值增值的过程。绿色建筑的运营管理同样也是投入、转换、产出的过程，并实现价值增值。通过运营管理来控制建筑物的服务质量、运行成本和生态目标的实现。

　　全生命期成本是指产品从策划开始，经过论证、研究、设计、生产、使用一直到最后报废的整个生命期内所耗费的研究设计与发展费用、生产费用、使用和保障费用及最后废弃费用的总和。

　　绿色建筑运营管理网络包括建立运营、管理的网络平台，加强对节能、节水的管理和环境质量的监视，提高物业管理水平和服务质量；建立必要的预警机制和突发事件的应急处理系统。

　　绿色建筑技术分为被动技术和主动技术。

　　智能建筑指通过将建筑物的结构、系统、服务和管理根据用户的需求进行最优化组合，从而为用户提供一个高效、舒适、便利的人性化建筑环境。智能建筑是集现代科学技术之大成的产物。其技术基础主要由现代建筑技术、现代电脑技术、现代通信技术和现代控制技术所组成。

　　绿色建筑运营管理评价标准包括控制项和评分项。

（📖）习　题

1. 什么是运营管理？
2. 什么是全生命期成本？
3. 绿色建筑运营管理网络有哪些？
4. 绿色建筑资源管理包括哪些内容？
5. 绿色建筑运营管理内容有哪些？
6. 何谓 7 类运行成本？
7. 绿色建筑技术包括哪两类？
8. 提高绿色建筑运营水平的对策有哪些？
9. 何谓智能建筑？智能建筑的项目组成有哪些？
10. 绿色建筑运营管理评价标准包括哪些内容？

参 考 文 献

［1］ 中华人民共和国住房和城乡建设部. GB/T 50378—2014 绿色建筑评价标准［S］. 北京：中国建筑工业出版社，2014.

［2］ 中华人民共和国住房和城乡建设部. 绿色建筑评价技术细则（试行）［S］. 北京：中国建筑工业出版社，2015.

［3］ 中华人民共和国建设部. 绿色建筑评价标识管理办法［S］. 北京：中国建筑工业出版社，2007.

［4］ 中华人民共和国建设部. 绿色施工导则［S］. 北京：中国建筑工业出版社，2007.

［5］ 中华人民共和国住房和城乡建设部. GB/T 50640—2010 建筑工程绿色施工评价标准［S］. 北京：中国建筑工业出版社，2010.

［6］ 中华人民共和国住房和城乡建设部. GB 50325—2010 民用建筑工程室内环境污染控制规范［S］. 北京：中国建筑工业出版社，2010.

［7］ 中华人民共和国住房和城乡建设部. GB 50189—2015. 公共建筑节能设计标准［S］. 北京：中国建筑工业出版社，2015.

［8］ 中华人民共和国住房和城乡建设部. JGJ/T 132—2009. 居住建筑节能检测标准［S］. 北京：中国建筑工业出版社，2009.

［9］ 张希黔. 建筑施工中的新技术［M］. 北京：中国建筑工业出版社，2005.

［10］ 白润波，孙勇，马向前，等. 绿色建筑节能技术与实例［M］. 北京：化学工业出版社，2012.

［11］ 本书编写组. 绿色建筑施工新技术［M］. 郑州：黄河水利出版社，2012.

［12］ 吴兴国. 绿色建筑和绿色施工技术［M］. 北京：中国环境出版社，2013.

［13］ 杜运兴，李丛笑，张国强，等. 土木建筑工程绿色施工技术［M］. 北京：中国建筑工业出版社，2003.

［14］ 卜一德. 绿色建筑技术指南［M］. 北京：中国建筑工业出版社，2008.

［15］ 程大章，沈晔. 论绿色建筑的运营管理. 北京：第九届国际绿色建筑与建筑节能大会论文集，2013.